森のサステイナブル・エコノミー

―― 現代日本の森林問題と経済社会学 ――

大倉季久 著

晃 洋 書 房

はじめに

現代日本における森林の危機を経済社会学の視点から検討しようという本書に付けられた副題に，違和感を抱く人もあろう。その違和感は，この問題をめぐる議論を深く知る人ほど大きいのではないかと思う．なぜならば，日本における森林の危機については，長期にわたる木材価格の低迷が原因だという明解な説明がすでに広く浸透しており，それが，森林再生の具体策にも強い影響力をもってきたからだ．しかし筆者は，今日，この問題を議論するにあたっては，まずはこうした半ば常識化した説明図式からいったん距離を置いて，危機の内実に改めてアプローチしていく作業が不可欠であり，経済社会学の視点からの検討は，その確かな第一歩となると考えている．

日本における森林の危機については，厳しい市場競争を背景にして，一方には競争に適応していくことのできる効率的な林業の育成という，森林経営上の課題と結びつける議論がある．そしてもう一方には，手入れが不足している森林を適切に維持管理していくための，森林所有者に代わる新たな担い手の確保にかんする議論がある．

それに対して本書では，経済社会学，なかでも「人びとの経済行動は具体的で進行形の社会関係のシステムに埋め込まれている」という「新しい経済社会学」の視点に立脚して，この問題を木材の売買をめぐって，歴史的，地域的に形づくられてきた社会関係の中で生じた問題として議論していく．林業経済学や環境社会学などのこれまでこの問題に対する中心的な位置を占めてきた視角ではなく，あえて経済社会学から森林の危機にアプローチすることにしたのは，問題の全体像を知るうえでは，今日の森林所有者の選択を市場競争の結果と捉えるだけでは不十分で，木材市場の現代的な特質をふまえて明らかにしてく必要性を感じたからである．

確かに，木材価格の推移を見れば，状況が危機的なのは一目瞭然である（図-A）．育林がれっきとした投資である以上，木材価格が1950年代並みの水準で推移するようになった現状は，森林の危機が，そうした投資の継続が困難になった森林所有者たちの合理的な選択の集積として生じていることをうかがわせる．ただ，その一方で，木材不況であれば，日本の林業はこれまで何度も経験しているし，それを乗り越えつつ育林の継続を図ってきた森林所有者も少なくない．逆に言えば，木材不況に直面した森林所有者が，育林を放棄するという現象がこれだけ拡大している状況は，むしろ危機が，これまでにはない新しい特質をそなえていることを示唆している．

そうであるならば，現代日本における森林の危機の全体像を捉える理論枠組みは，森林所有者のあいだで，なぜ，ほかならぬ今日において，管理の放棄という選択が拡がりはじめているのかを説明できる枠組みであることが求められる．そして，人びとの経済行動を，単に需給関係の変化やその中で起こる価格

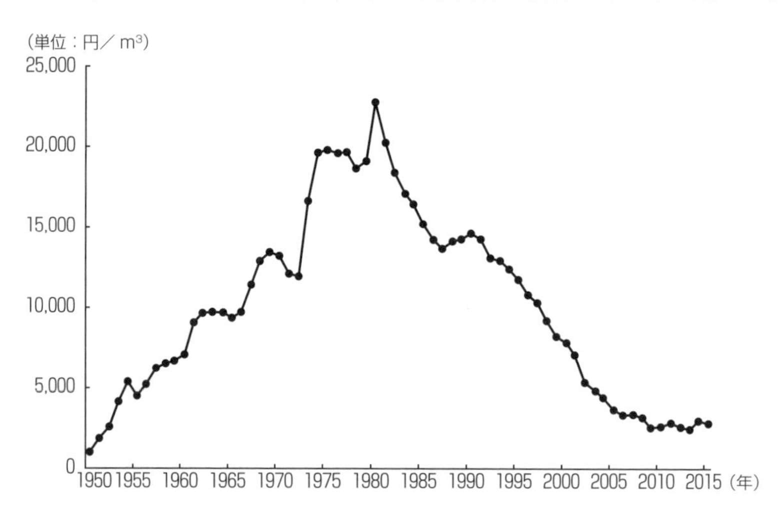

図-A　スギの価格変動　1950-2015年

注1）ただしここに示したのは「山元立木価格」，つまり丸太の市場価格から伐採，搬出等に要する費用を差し引いた価格の動向である．
2）データの詳細は巻末付表1を参照．
出所）『林業白書』各年度版及び『戦後林政史』をもとに筆者が作成．

変動だけでなく，市場をとりまいて生じる社会関係の構造とその歴史的・地域的な変遷をたどりながら理解することを試みる経済社会学のアプローチは，こうした森林所有者が直面する危機の現代的特質に接近を図るうえで，きわめて有効な足がかりとなる．

とはいえ筆者自身，こうしたアプローチの必要性を，この問題に関する研究を始めた当初からはっきりと認識していたわけではない．筆者がこの問題に注目して林業関係者や設計士への聞き取りを始めた2000年頃は，それぞれの地域での森林所有者たちの危機への対応が，「近くの山の木で家をつくる運動」というかたちで結びついて全国的な潮流が形成されていく途上であった．そして，聞き取りを進めていくなかで，森林所有者たちは，それまで信頼を寄せてきた木材市場を失い，それが新しいタイプの木材市場に取って代わられていくプロセスの渦中にあって，それに対する危機感から新たにマーケットを立ち上げ，懸命に試行錯誤を続けていることが次第に理解できるようになっていった．しかし，そうしたプロセスの内実が，森林所有者のあいだでまとまったかたちで語られることはなかったし，また先行する研究のなかにも，それを捉えるのに適当な言葉がなかなか見つからない状態であった．

いったい今，日本の木材市場で何が起こっているのか．そして，そのことと森林の危機はどのように結びついているのか．危機を当事者として経験している森林所有者たちへの調査を進めていくなかで浮かび上がってきたこうした問いかけが，筆者がこの問題に対して経済社会学の視点からアプローチを試みていくきっかけとなっている．そして，2000年代初頭の森林所有者が木材市場で経験したこのプロセスの内実について，本書は「ローカル・マーケットの危機」という言葉をあてて考えていくことにした．

「山師」などという言葉もあるように，林業は，一獲千金目当ての無計画な伐採が横行する場当たり的な商売だという認識が，今なお根強い．林業経済学を専門とする研究者や林野官僚のあいだからも，「山が動く」などと，木材需要の増大が見込まれるたびに伐採の拡大に対する期待感を率直に語る人びとが少なからずみられる.

そのような機会主義的，あるいは投機的といえなくもない傾向が，これまでの日本の森林経営にまったくみられなかったとは言わない．しかし，実際に調査をしてみれば，そうした理解は森林経営のごく一面を捉えたものだということが容易にわかる．元来，価格変動の激しい木材市場から安定的にリターンを確保しつつ，木材価格が下落したときにも，また上昇に転じたときも伐りすぎに陥ることなく森林の蓄積の維持に努めてきた人びとが，伝統的な林業地を中心に数多く存在する．いわば，「いかに手持ちの木材を高く売るか」ではなく，「いかに伐採量を抑えながら次代に森を残していくか」をめぐって腐心してきたのが，森林経営の真の姿だといえる．そして，この研究から見出されるのは，森林の危機が，こうして多大な費用と労力を投じて森林の蓄積を形成し，またそれを損なうことなく次代への継承を図ってきた森林所有者たちによる世代を超えた手探りの努力が，いわば水の泡となるかたちで広がっていく実態である．保有する土地・資源に合わせて育林を体系化しながら伐採に周期性を確立し，森から持続的に収益を生み出していくことをめざしてきた森林経営にとって，急激な需要の発生は，好機どころか，むしろ危機なのである．

とかく日本の森林問題をめぐる議論の中では否定的な文脈で語られることが少なくない森林所有者だが，その姿はあまりにも単純化されていて，実際に人びとが危機的な局面でどのように考え，切り抜けようとしてきたのか，まったく見えてこない．しかし，木材の市況の影響を受けつつも，持続的な経営の確立をめざしてきたのが森林経営の真の姿だとするならば，やみくもに森林所有者の選択を批判的に論じる姿勢を改め，森林所有者たちに今日のような選択を迫るに至った構造的な背景について，木材市場をとりまいて生起する現実に沿うかたちで探っていくべきではないだろうか．もとより，今日の日本の森林の危機は，多様な要因が複雑に絡まりあいながら生じており，しかも，本書が基本的に民有林における取り組みのみを検討の対象としているという限界もある以上，そこから浮かび上がってくるのは，あくまで危機の一断面に過ぎない．

しかしながら，このようにして森林所有者の危機意識に立脚するかたちで危機の現代的特質へアプローチしていく作業抜きに，そもそも深刻化の度合を増している今日の森林の危機の解決を展望することなどできないと考える．

さて，以上のように，現代日本における森林の危機に対する本書の基本的な立場を表明したところで，さっそく本論へと入っていくことにしたい．

なお，本書は，林業関係者を中心とした聞き取り調査の結果をもとにして組み立てられている．それらのなかには，この分野で先端を走る林学知識に照らせば，いささか時代遅れの議論を展開している部分や，従来の知見にまったく反する見解を平然と述べている箇所があるかもしれない．しかし，それらの挙示や取り扱いについての責任は，いうまでもなく，すべて筆者にある．

目　　次

第1章 ローカル・マーケットの危機としての森林問題

1　森林の危機をいかに問うのか

(1)　管理放棄から再造林放棄へ
──変わる森林の危機の構図──

現代日本における森林の危機について論じていくうえで，まず注目したいのは，近年になって，これまでとはまったく異なるタイプの森林の荒廃が拡大しつつあることが指摘されるようになった点である.

日本における森林の危機といえば，元来過剰植栽なうえに木材不況が重なって生じた「手入れ不足」がその特質とされてきた．本来，細かな手入れが必要であるにもかかわらず，長期にわたる木材価格の低迷や育林コストの上昇などから間伐が遅れ，放置される人工林が拡大を続けている．こうした管理放棄林の拡がりは，近年多発している大規模な自然災害の一因とも指摘され，林野庁を中心とする政策当局も，森林所有者に対して必要な手入れを促すさまざまな施策を打ち出してきた.

しかし，2000年を過ぎる頃から，状況に変化が生じる．管理放棄林に加えて，木材の伐採が行われた後，跡地に植林が行われることなく「伐りっぱなし」の状態で放置される林地が拡大しているという報告が相次ぐようになったのである．こうした林地は「再造林放棄地」と呼ばれ，九州を中心に，全国で一時2万ヘクタールを超えた[1)]．これは，激しい森林破壊を経験してきた諸外国において，森林減少（deforestation）と呼ばれてきた森林荒廃のパターンを想起させるケースである．加えて，近年になって，林地の大規模な転売が増加していることも各地で報告されるようになり[2)]，いまや日本における森林の危機は，単純に管理放棄とイコールで結んで語ることができない問題となっている．

このような現象が，なぜ日本各地で拡大していくことになったのだろうか．手入れ不足から再造林放棄や，あるいは林地の転売へという，森林の荒廃が指し示す事態そのものの変容は，いったい何を意味しているのだろうか．現代日本における森林の危機を問うというとき，まず求められることになるのは，これらの多様な現象の背後で生じている新たな現実に沿うかたちで問題を把握し理解することのできるアプローチである．そこで，本章と次章では，この「森林の危機を問うアプローチ」について，こうした新たな事態の広がりに焦点を据えつつ，まずは検討してみたいと思う．

(2)　市場の危機としての森林荒廃問題

問題の当事者に焦点を据えれば，再造林放棄地の拡大が，以下のような特徴をともないながら生じていることがわかる．

第一に，そうして育林の継続を断念した森林所有者には，今日まで優良な林地を形成してきた林家の系譜に属する所有者が多く含まれているという事実である．木材を搬出する林道が未整備で，地形的にも不利な条件にある森林ではなくて，林内を林道が縦横に貫通し，地形的にも恵まれた条件にある森林，別の言い方をすれば，伐採や搬出にコストがかからない森林が，再造林放棄地には多く含まれていることが林業経済学を中心とする研究グループによる報告から明らかにされている［堺編 2003：22-23］．

そして第二に指摘することができるのは，そうした森林所有者は，過去幾度となく不況を経験するなかで，困難を乗り越えつつ，森林の状態を維持していくためのノウハウを蓄積し継承してきた所有者だという点である．もともと日本の木材市場は，価格変動が激しいことで知られるが，こうした所有者は，その時々の市場の動きを的確に読み取り，木材価格が低迷していくなかでも所有する森林を荒廃させることなく経営の継承を図ってきた歴史をもつ．それゆえ，再造林の停止という判断の広がりは，日本の林業が，これまで培ってきた危機への対処法がまったく通用しなくなっていくような，新しい現実に直面しつつあることを示唆している．

さらに第三の特徴は，こうして新たな現実に直面していくなか，育林の継続をめざす森林所有者のあいだで，とりわけ住宅用木材市場をめぐって，現状の木材市場から離脱して，それまでにはない新しい市場を立ち上げようとする動きが活発化してきた点である．1990年代後半から各地で起こった，いわゆる「近くの山の木で家をつくる運動」は，そうした森林所有者による新たな市場創出の中心的な動きといえる．

以上の事実は，再造林放棄や林地の転売を新たな典型とする現代日本の森林所有者の選択が，外国産材の輸入拡大や木材価格の急激な変化といった，この問題をめぐってこれまでしばしば指摘されてきた要因群の影響も去ることながら，木材市場それ自体が，従来とはまったく異なる新たなものとしてつくり換えられていく過程に規定されつつ生じていることをうかがわせる．それゆえ，現代日本における森林の危機の全体像の解明には，こうした木材市場そのものの転換（transformation）を読み解いていくアプローチが必要だと考える．

(3)　森林の危機と市場の転換

広く知られているように，日本の森林の多くは，手つかずの原生林ではなく，何らかのかたちで人の手が加わった二次林である．そして，そうした森林の利用を一過的なものでなく，持続的なものにしていこうと考えたとき，人びとが頼ったのは，国家や自治体ではなく，基本的に市場だった．つまり，育てた木材を都市へと運び，現金に換えることで得た収益を次の育林に充てるというかたちで，投資を繰り返すことによって森林を維持しようとしてきたのである．比較的短期間での伐採を繰り返す薪炭材から，伐採まで少なくとも40〜50年の期間を要する建築用材まで，集落ごと，あるいは経営体ごとに伐採に一定の周期を設け，そうした取り決めを人びとが遵守し継承することで，森林の蓄積を長期的に維持していこうと多くの人びとが試みてきた．

採取的な利用から，市場でのリターンの確保を前提とした育林へと転換を図っていくことは，森林の持続可能性を損なうリスクを高めることも確かだ．実際，木材需要が急増した明治期には，地域外の資本による買いたたきや過剰な伐採によって，森林が失われていくケースも各地で頻発していたといわれる[3)]．

しかし，こうした事態をめぐっては，市場メカニズムに森林を委ねたことそのものに起因するというよりもむしろ，売り手の木材取引に対する無知や経験不足という面がもっと強調されてもいい．本格的な人工林経営になると，植林から伐採まで100年以上の時間をかける林業地もある．その期間，育林の費用を投じることができたのは，取引を繰り返すなかから森林にリターンを生み続ける市場を見出し，その動きに精通しながら，育林の体系化を推し進めることができたからだ．逆に言えば，日本の森林地域は，そうして安定的にリターンを生み出す市場に力を借りるかたちで，育林という，持続的な利用の活路を見出してきたわけである[4)]．その意味で，日本における木材市場は，森林を危機的状況から保護してきたという面をもつ．

それゆえ，とりわけ先に触れたような伝統的な林家にとって，今日のような事態は木材市場に原理的に備わる不安定さゆえに起こっているというわけでは必ずしもない．木材不況のときにも，また価格が上昇していく時期にも，伐り過ぎに陥ることなく森林の蓄積を維持してきたこのような人たちから見れば，今日の事態はむしろ，それまで危機的状況から森林を保護してきた市場そのものが失われた結果として生じていると捉えられているはずである．

現代の林業は，こうした「森林の危機への対応力」を備えていた木材市場そのものが消失し，新たな市場へと再編成されていく市場の転換の渦中にある．このように，木材市場が人びとに森林資源の持続的な利用を喚起する役割を果たしてきたとすれば，森林の危機を読み解いていく作業は，市場がそのような役割を失い，森林の荒廃を食い止めることができなくなっていくまでの歴史過程に自ずと光があてられていくことになる．

しかしそれにあたっては，もともとあった木材市場の成り立ちを知ることが不可欠である．それなくして，新たな市場の特質を理解することも，その育林への影響を捉えることもできないからだ[5)]．森林所有者たちが信頼を寄せ，売買を継続してきた市場とは，どのような市場なのか．あるいは，そうした木材市場に備わっていた「森林の危機への対応力」とはどのようなものなのか．そしてまた，市場の転換は，何をきっかけにして生じるのか．本章では，これらの点についてまずは考察を加え，木材市場をとりまいて近年生じている新たな現実と森林の危機との関係を読み解いていくうえでの本書の基本的な仮説について検討してみたい．

2　木材市場の多元性と「森林の危機への対応力」

(1)　木材業界の基本構造

まず，木材市場の基本的なパターンについて，本書が主に対象とする住宅用木材市場を例に整理していこう．木材流通の経路だけでなく，その中での取引が実際にどのようなかたちで行われていたのかを把握することで，市場に備わった森林の危機への対応力の所在についても明らかにしていきたい．

一般に，住宅用材は，図1－1のように森林所有者から工務店までが数珠つなぎになって流通経路が形成され，木材はその経路を順に流通していくというのがその基本的な骨格となっていた．もちろん，これらの業者が必ずすべて揃っているということはなく，森林所有者から依頼を受けて木材の伐採，出荷を担う素材生産業者や，原木市を通さないパターン，つまり森林所有者と製材業者が直接結びつくパターンをはじめ，多様な形態をとって発達してきた．ここで重要なのは，こうした骨格そのものではなくて，むしろそれぞれの供給パターンの内側では，隣り合う馴染みの業者しか知らない，取引しないというのが基本で，基本的には隣り合っている業者の状況を熟知している一方で，それを飛び超えたところの業者がどのような木材を持っていてそれを誰に流しているのかをはっきりと知らないケースも多いという点である．

実際，多くの地域で，森林所有者は，自ら伐出（素材生産）の組織を持っていない限り，原木市や製材工場のことまでは知らないのが普通であるし，設計士も木材の流通にまで立ち入る機会は限られている．そして，そのようにして隣り合う業者を飛ばして取引関係を構築することは「抜け買い」とか，あるいは「業者飛ばし」などといわれて，しばしばタブー視されてきた．つまり，歴史的に見て，日本の林業地域で木材市場は，小規模かつローカルな範囲で構成され，市場といっても特定の取引相手との取引を消滅させないことが重視されてきたという面が強かったのである．これに関して，例えば村嵩由直は，1960年代までの奈良県吉野地方での木材売買について次のように紹介している．

> 立木売りは山守に売る場合と山守に非ざる（ママ）素材業者に売る場合に分けられる．山守に売られる場合は通常2，3割くらい市価より低い．これは山守の特権である．彼らの多くは素材業者を兼ね，中には製材業者を兼ねている場合がある．彼らに売られなかった立木は他の素材業者（または製材業者）に販売されるが，林主が商談を進める場合には山守の仲介が必要であり，もし仲介なしに林主が行えば‘抜け買い’として非難される［村嵩 1987：144］．

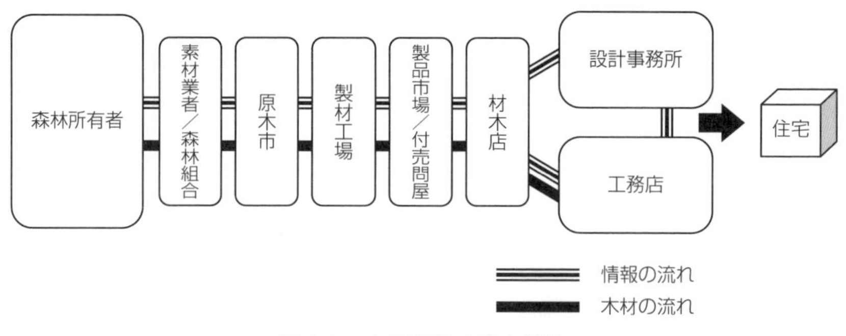

図1-1　木材業界の基本構造

もともと日本における木材市場は，このように流通網が，木材の用途ごとに隔てられ，さらにそれが地域ごとに隔てられた「仕切られた市場経済[6)]」として形づくられてきた．言い換えれば，住宅用材の市場といっても，そこには無数の市場が生み出され，自然条件や都市までの距離などの違いも反映するかたちで，きわめて複雑な流通が組織されてきたところに，日本の木材市場の特色があるといえよう．それは，市場といっても，不特定多数の人物が関与する場ではなく，それぞれ人びとが目の届く範囲の中で取引関係を形づくり，特定の取引相手とのあいだで売買を繰り返す，流動性が低い市場だった．森林経営は，こうした業界の成り立ちを前提として，地理的条件や流通経路などの事情から，各々が板なら板，柱なら柱，造作用なら造作用というように，供給する部材の特殊化を図り，また，複数の流通経路を組み合わせるなかから，独自の育林サイクルを構築し，育林の組織化・体系化を進めてきた．従来，森林所有者たちが信頼を寄せてきた木材市場とは，このような市場である．

では，このような木材市場から発達する「森林の危機への対応力」とはどのようなものだったのだろうか．

(2)　社会関係の働きとしての「調節」

こうしてそれぞれが「仕切られた」木材市場に備っていた「森林の危機への対応力」とは，基本的に「他者が協力してくれたから，自分も協力しよう，他人が非協力なら自分も協力しない」という「互酬（reciprocity）」を基礎にした木材供給の調節のことを指す．

例えばそれは，売買をめぐる駆け引きの中で製材業者が意図的に在庫を持ったときには，それを合図にして森林所有者が流通を止めるとか，また取引の範囲を限定して，その中でコンフリクトを回避し，相互の存続を図りつつ木材を差配するというかたちで行われていた．こうした調節が機能するのは，とりわけ木材価格が下落していくときである．つまり，木材の流通量が増え，価格が下がってくると木材の取引を縮小し，流通する木材量が調節されて，再び価格が上昇したときに取引を増やしていたのである．

ここから見出すことができるのは，取引にかかわる人びとが，互酬という必ずしも「特定化されない義務」[Blau 1964：邦訳 83] をともなうインフォーマルな関係原理から得た知遇を活用するかたちで危機的状況を乗り越えていく様子である．伝統的な木材市場は，個々の業者は総じて零細ではあるが，業者間での密接に組織化された隙のないネットワークを築いて，その中で供給を調節しあうことによって，過度な価格競争や買いたたきが生じるのを連携して抑え込んでいた．互酬は，業界内部のアクターを結びつける連帯の源泉だった．

しかしそれは，木材市場に，緊張やコンフリクトがまったく発生しないことを意味するわけではない．互酬という関係原理は，アーヴィン・グールドナーが指摘したように，「緊張を埋め合わせつつ，それをコントロールする社会的メカニズム」でもあるからだ [Gouldner 1960：164]．互酬を基礎におく売買では，取引相手の要求に応じることのできない業者の情報は，直ちに市場に参画する人びとのあいだを伝わっていく．個々の市場では，一方の業者の市場を維持しようとする努力に取引相手が呼応し応答しつつ売買が反復されていくなかで，ようやく業者間に信頼関係が確立され，相互の利益を維持しコンフリクトを回避しようとする意識が生まれる．またこのようにして市場が組織されることで，木材を買いたたいたり，あるいは価格競争を煽って高いリターンを確保するといった利己的な行動は抑えられ，長期的に取引関係を維持しながら，安定してリターンを得ていくことに人びとが意義を見出していくようにもなる．

他方で，このような関係形成のメカニズムを前提にして木材供給の調節が図られていたことは，市場に参画する人びとが，相互に平等，あるいは対等であるということを意味するわけではない．むしろ，売買が互酬的な関係によって支えられていることは，互いの経営規模や供給可能な木材の品質が参照可能で，行動様式を一定程度予測できることを意味するから，個々の業界内部で，商品の等級が明確に区分され，また業者間の序列も発達していくことになりやすい．そして，このようにして個々の市場が取り扱う木材の等級や，業界内部の序列が明確になるにつれて，市場に参画する人びとの関係性も次第に可視化されてくる．各々の森林所有者もこうして市場と接触し，互酬的な関係を構築していくなかで，取引相手を選別したり，独自の育林体系を確立して，特殊化を図っていくようになる．また，このような取引経験の蓄積に裏づけられるかたちで目利きとして信頼を得た多くの業者を介して木材が流通することで，市場がそれぞれの業者や地域の木材の評判を定着させていく機能を担う結果にもなっていく．

(3)　木材市場の多元性とその危機

森林所有者たちがリターンを得てきた市場は，市場といっても，このような関係原理に支えられつつ機能する市場である．育林への投資によって森林の蓄積を図るという選択に森林所有者を導いたのは，ただ伐った木材をお金に換えることができた，といった単純な経済的なインセンティブではない．それはむしろ不況時にも木材を買いたたくことなく供給を調整しつつ木材市場の不確実な動きを取り除いていく，「森林の危機への対応力」に導かれたものだった．

木材の売買が継続的な人と人との接触を前提とするからには，互酬的な義務関係の発生は，必然ともいえる．しかし，日本の木材市場の場合，そうした互酬的な関係を絶やさないことが効率性や品質の追求などよりも場合によっては優先されるかたちで市場が無数に組織されていったところにその特徴がある．

実際，人工林経営を営む森林所有者にとって市場に精通することは，何よりも市場を一定程度の予測や計算が成り立つ場として維持していくことを意味していた．取引を重ねるなかで，在庫の変動から，製材や育林技術のトレンド，さらには同業他社の経営判断まで，売買のネットワークを飛び交う最新の情報を常にキャッチすることのできる環境を整え，価格変動を予測しつつ木材の売買を続けることがめざされていた．そしてこのことが結果として，規模や保有する資源などに応じた多様な森林経営のパターンを生み出し，また製材業にしても，規格品を大量にストックする業者から，いわゆる高級材の加工を生業とする業者まで，多様な経営方式が見出されていくことになる．そうした意味で，互酬は，木材市場を特徴づける見落とすことのできない要素であり，また森林経営の存続を図るうえでの有力な資源だった．

日本の森林は，市場そのものというよりもむしろ，こうして地域ごと，用途ごとに隔てられ，そこでの相互関係を基礎にするかたちで参画する担い手がリターンを確保していく市場の多元的な成り立ちに支えられてきたといったほうがよさそうである．さまざまなタイプの担い手が共存する状況は，それ自体，個別の取引関係から融通無碍に生起してくる市場の多元性を反映したものだといえる．

そして，本章の冒頭で述べたような新たな事態の広がりは，現代日本における森林の危機が，木材価格の長期的な低迷もさることながら，このような市場を森林所有者たちが失いつつある中で起こっていることをうかがわせる．何よりも，再造林放棄や林地の転売といった選択は，育林を長期的に続けていく動機づけを失った森林所有者たちの機会主義的な選択であり，森林所有者たちのあいだで木材市場に対する信頼が失われつつあることを示唆する選択である．

そして，現代日本の森林の危機をめぐって問題となるのは，こうした森林の危機への対応力を備えていた木材市場が，どのようにして失われていくことになったのかを解明することにある．森林所有者のあいだでなぜこのような選択が広がっていくことになったのか．それはいつ頃から，また何がきっかけとなって生じているのか．これらを明らかにしていく作業が，危機の全体像をつかむ足がかりとなる．そして，それにあたって，われわれに有意義な着想をもたらしてくれるのが，かつてカール・ポランニーが見出したローカル・マーケット（local markets）という市場パターンである．

3　カール・ポランニーとローカル・マーケット

(1)　社会に埋め込まれた経済

かつて市場は，歴史的，地域的に発達してきた社会関係の中で厳格にコントロールされ管理されていた．しかし，やがて市場はそうしたローカルな社会過程から切り離され，需給関係とそれに基づく市場価格以外の何者によっても統制されない自由な市場，すなわち「自己調整的市場」に統合されていくことになる．そうしたまったく新しい社会――19世紀文明――の出現と崩壊を，第一次世界大戦までのおよそ100年にわたる歴史過程から明らかにするとともに，その破壊的帰結を描き出したのが，カール・ポランニーの『大転換』である．

『大転換』のなかでポランニーは，そもそも経済過程が，それ自身の法則に従って機能するのではなく，社会的諸関係の中に埋め込まれていたと指摘している．国家規模，あるいは地球規模の需給の原理が形づくる市場メカニズムは，必ずしも普遍的な経済の形態とはいえず，地域社会や，あるいは取引関係から生じる社会的諸関係の影響を受けるのが，いわば当たり前だった．ポランニーによるオリジナルな類型化としてよく知られる互酬・再分配・市場交換という経済の3つの統合形態は，このような着眼から見出された把握である．そこでは，市場交換といえども，人びとの相互依存関係から生まれる秩序に規定されつつ制度化されることになる[7)]．

そして，そうした「社会に埋め込まれた経済」から発達する市場パターンのひとつとして，ポランニーが見出しているのが「ローカル・マーケット」である．この「ローカル・マーケット」について，ポランニーは次のように述べる[8)]．

> ローカル・マーケットは，本来，近隣市場である．そしてそれは，社会生活にとっては重要ではあったが，支配的な経済システムを自らのパターンへと変えてしまうような兆候を示すローカル・マーケットはどこにも存在

しなかった．ローカル・マーケットは国内市場ないし全国取引の出発点ではないのである［Polanyi 1944：邦訳 108］．

ローカル・マーケットでは，生産は生産者の要求に応じて規制され，したがって生産は利益の出る水準に制限されていた［Polanyi 1944：邦訳 111］．

「社会に埋め込まれた経済」のもとでは，参画するメンバーの範域が限定的でまた拡張性をもたない無数の市場パターンが発達していく．そうして参画する人びとの社会関係を基礎にするかたちで，各々の市場は生産と供給を集合的に規制し，調整しつつ利益を分配する方法を見出していく．われわれが，伝統的な木材市場に見出してきた「森林の危機への対応力」も，基本的にこの「ローカル・マーケット」が備えた機能と等価だといえる．そこでは，局所的な人的関係を基礎にして，資源の循環が図られ，その結果として取引の機会が継続的に生み出されていく．森林所有者は，そのような市場と結びついて育林の体系化を試み，安定的なリターンを確保してきた．そしてこのような市場パターンが失われつつあるなかで，今日，森林の荒廃が拡大している．

ポランニーは，このような「社会に埋め込まれた経済」が機能を失っていくなかで出現した新たな市場パターンを「自己調整的市場」と呼ぶ．この経済システムのもとでは，生産と供給がローカルな社会関係によって規定されることはもはやない．それらは国家規模，あるいは地球規模の需要によって規定され，市場は，ローカルな社会的諸関係による調整の可能性を失っていく．ポランニーが「大転換」と呼ぶ歴史のはじまりは，こうした社会的諸関係によって統制された無数の市場を，単一の市場経済へと変えるステップの中で生じた市場の転換にある［Polanyi 1944：邦訳 100］．

だとすれば，このようなローカルな市場から自己調整的な市場への転換は，どのようにして生じるのだろうか．言い換えれば，「社会に埋め込まれた経済」は，どのようにして危機に陥っていくのだろうか．

(2)　脱埋め込み

市場の転換をめぐってポランニーが繰り返し強調しているのは，自己調整的市場が，日々の競争の中から自然発生的に現れたのではなく，国家による集権的かつ計画的に組織された継続的な介入と，その飛躍的な増大によって拓かれたということである．自由市場というと，政治的な介入を排除することと同じ意味で捉えられがちであるが，むしろポランニーが注視していたのは，それが既存の市場に対する介入と特別な立法なしには成立しえない政治的産物だという点である．実際，自由市場の創出は，市場化を進める政策の決定から，そうして創り出された市場そのものの規制，そしてインフラの整備まで，国家による管理，統制，介入の必要性を取り除くどころか，むしろ市場の自己調整の確保を妨げるような措置を取り除く一方，その助けとなるような政策を打ち出すために，それらの範囲を途方もなく広げさせる．だからこそポランニーは，こうした自己調整的メカニズムに支えられた市場を，その純粋な形態においては現実に存在しえない「まったくのユートピア」［Polanyi 1944：邦訳 6］だと指摘した．

工業化を推進する社会では，生産規模が大きくなるほど，また迅速に開発を進めようとするほど，必要な資源や製品を安定的に確保できるように市場を効率的に組織しようと試みようになる．そして，そうした市場を組織していくうえで求められたのが，「商品擬制（fictitious commodity）」，すなわち経験的定義からいえば商品とはいえないものまで「金で買い入れることを可能なものとすること」［Polanyi 1944：邦訳 129］だった．そうして「擬制」を効率的に具現化していく手段として市場を積極的に活用することが目指され，そのようにして市場が機能していくようになるなかで，それまで社会的諸関係の中で生産と供給を厳格に調節しながら流通してきた商品から，土地や労働，貨幣まで，ありとあらゆるモノや人間活動が需給関係のもとに従属していくことになる．その意味で，市場の転換は，社会の実体そのものを市場の法則に従属させる「脱埋め込み」の過程であり，「社会に埋め込まれた経済」は，そのようにして市場がローカルな社会過程から離床していくプロセスの中で危機に直面していくのである.

ポランニーの議論は，市場の，資源配分を決定する価格決定メカニズムである以前の制度の側面，すなわち，市場が人びとのあいだで生起するひとつの制度として，「つねにほかの諸制度との連関のなかで作動する」ことではじめてその機能が発揮されていくことへの注目をわれわれに強く促している［山下 2012：524］．実際，伝統的な木材市場の場合も，互酬的な義務関係という基礎部分が発達していくことがなければ，危機への対応力を備えた市場として機能していくことは難しかったと考えられる.

そして「近くの山の木で家をつくる運動」をはじめ，森林所有者のあいだで広がる現状の木材市場からの離脱する動きは，そうした木材市場を形づくってきた基礎部分が崩壊し，新たな市場制度が立ち上がりつつあることを示唆する．だとすれば，こうした木材市場の転換を実際に担い，そのゆくえを規定している新たな市場とはどのような市場であり，その創出には，どのような人びとが，どのようなかたちでこれまで関与してきたのだろうか．木材市場の転換過程を明らかにするということは，木材市場が危機的状況に陥っていく様子を，それまでとはまったく異なるタイプの木材市場が新たに生起し，さらに既存の市場をローカルな文脈から切り離しつつ再編していく歴史過程に沿って明らかにしていく作業となる．そして，ポランニーが示唆するのは，そこに，木材市場をめぐる政策構想や，それを契機にした国家からの市場への干渉が強力に作用している可能性である.

4 ローカル・マーケットの危機としての森林問題

本章では，現代日本の森林の危機をめぐる新たな事態の出現を足がかりとして，問題が，木材市場の転換にともなうローカル・マーケットの危機から生じているという仮説にたどり着いた．ここでいう「ローカル・マーケットの危機」

とは，それまでローカルな社会的諸関係に埋め込まれていた市場が，そこから離床し，まったく異なるタイプの市場として新たに組織されていく過程で，危機への対応力を失っていく事態を指す．再造林放棄や林地の転売の広がり，さらに「近くの山の木で家をつくる運動」に代表される森林所有者の現状の木材市場からの離脱を探る動きは，このような木材市場の転換によって，市場から「森の危機に対する対応力」が失われていくなかで生じていると考えられる．

日本における木材市場は，元来，ローカルな文脈の中に埋め込まれた市場であった．地域ごと，用途ごとに無数の市場が形成され，それぞれが森林利用のパターンに見合う供給のパターンを形づくってきたのである．森林を利用する人びとは，個別の木材の売買の機会から社会的諸関係をうまく形づくって，あるいはそこに入り込むかたちで，市場を形成し，そこから生じた社会的諸関係を基礎にして生産と供給の調節する局所的な慣習を発達させることで，森林の蓄積を維持する可能性を絶えず探ってきた．

ある日突然，価格が乱高下を始めたり，外部資本が入り込んで大規模な取引を求めてきたりと，林業には，ともすれば森林の蓄積を損なう選択が広がっていく可能性が常につきまとう．そうした不確実性が高い市場の動きを，局所的に発達させた長期的な取引関係を基礎にして制御しつつ，安定的にリターンを確保し，森林の蓄積を維持しようと試みてきたところに，日本の森林利用の特徴を見出すことができる．だからこそ，市場の動向をよく知る森林所有者にとって，手持ちの木材の価格の動きや，あるいは需要の変動だけではなく，どのような人物や企業とのあいだで取引を行うのか，という個別具体的な取引関係のパターンが，経営の存続を図るうえで大きな関心事となる．

確かに，「伐るだけで赤字」とも言われる今日の森林経営に対して，森林所有者が経済的インセンティブを見出すことなど，到底困難であろう．だから，木材価格の低迷こそが森林の危機の根本にある，という見解は間違いではない．だが，このようにして日本における木材市場の歴史的特質にアプローチしてみると，それはあくまでも危機の一面に過ぎないということもまた明らかになってくる．むしろ，現代日本における森林の危機をめぐって問われるべきなのは，従来であれば木材価格の低迷する時期を市場の内側での駆引きで乗り越えることができていたにもかかわらず，そうした対応で乗り越えることができなくなっている，あるいは森林所有者自身がそのようにして難局に対応していく動機づけを失っているという現実である．

市場の転換を問うということは，単に木材市場における歴史上の転換点を明らかにすることを意図しているのではない．むしろ，本書が意図しているのは，こうして自生的に発達した市場が，次第にローカルな文脈から切り離されいく中で，森林所有者が価格競争へと放り出されていくまで歴史過程を明らかにする作業を通して，森林の危機にアプローチすることにある．そうすることによってはじめて，危機の歴史的起源を確かめることができるだろうし，またそこから，再造林放棄や林地の転売といった，次代への継承というかたちでの持続可能性の追求から乖離していく今日の森林所有者の選択のもつ含意を明確にしていくことができると考えている．そして，そのような市場の転換をめぐる長期的な歴史過程や，その産業全体への影響に対して，需給関係やその中で生じる価格変動だけでは説明がつかないという立場を貫いてアプローチしてきたのが「新しい経済社会学（new economic sociology）」であった．

注

1）この「再造林放棄地」を林野庁は「造林未済地」と呼んでいる．「造林未済地」とは，伐採後3年以上を経過しても更新（植林）が完了していない林地を指し，1990年代後半以降，各都道府県別に「現況調査」を実施している．それによれば1999年の段階で2万2272ヘクタール，2003年の段階で2万4678ヘクタールが「造林未済地」とされている．ただしこの調査結果については，各都道府県によって調査方法が異なっているなど不統一な点や，天然更新が進んだ林地は森林が回復したものと判断して除外しているなど，必ずしも実態を反映した調査とはなっていないとの指摘もある［吉田 2011ほか］．

2）平野・安田［2012］のほか，東京財団政策研究部［2009］などの東京財団が中心になった一連の分析が，この問題が広く知られるきっかけとなった．

3）この時期に発生した森林の乱伐について，斎藤修は，「森林資源の多くがオープン・アクセスとなり，市場経済が活発となればなるほど資源の乱伐が激しくなる状況が現出し，そのために水災が頻発するようになった．それが何十年と続いたのである」［斎藤

2014：162］と指摘している．

4）こうした市場の力を借りた森林利用の体系化は，育林地域だけでなく，薪炭地域の成立にも見てとることができる．育林に比べると伐採サイクルは短く，管理コストが低かったが，こうした地域でも入山や利益の配分を管理しつつ，利用を細かくコントロールしていた地域が数多くある．このような薪炭林と市場の関係性について，斎藤［1998］は大規模造林地域ほどではなかったが「類似の関係」を見出すことができると指摘している［斎藤 1998：149］．

5）この課題設定は，経済学者，ジョン・R. ヒックスが，「市場の勃興」をめぐって述べた次の主張から示唆を得ている．「わたくしは『市場の勃興』はひとつの変容であると述べてきた．それでは何が変容してきたのであろうか．また，それ以前に何が存在していたのであろうか．その変容過程を理解しようと望んでも，この本質的な点についての考えを何らかのかたちで，あらかじめもっていないかぎりそれは不可能である」［Hicks 1969：邦訳 24］．

6）「仕切られた市場経済」については斎藤［2003］を参照している．斎藤は，「歴史上の市場経済の多くは，大企業経済体制下の現代とは異なった意味で，組織化された，ないしは仕切られた市場経済のタイプであったといってよい．仕切りがあるということは内と外での競争の質が異なるということであるが……（略）……それは競争自体が抑制されていることを意味しない．仕切りの内か外で，あるいは双方でも，競争は熾烈となりえた」［斎藤 2003：48-49］と，これについて述べたうえで，明治期以降の日本の工業化に対する地域の対応について「結局のところ，日本において見られた地域的対応とは，地域の仕切りを維持したまま国の内外における市場の競争的秩序とは何かを学び，その地域の組織化のエネルギーを工業化に結びつける役割を果たしたといえる」［同：53］と指摘している．

7）ポランニーの「社会に埋め込まれた経済」をめぐっては，これら3つの統合形態のうち，互酬と再分配は社会に埋め込まれた経済制度として，市場は社会から切り離された経済制度として捉えて市場社会の特異性を明らかにすることに焦点があったというのがこれまでの一般的な解釈だった．しかし近年は，市場も含め，経済過程がつねに何らかのかたちで社会的な相互依存関係に規定されつつ組織されることを解明するためのアプローチとして再解釈する動きが活発化している［例えばBarber 1995］．本書の中心的な理論的パースペクティブとして次章で詳しく検討する1980年代後半以降の経済社会学（埋め込みアプローチ）の展開も，こうした「社会に埋め込まれた経済」に関する新たな解釈を手がかりとしながら，経済現象の独自の分析視点を切り開いてきた．

8）なお訳書では，このlocal marketsは，「局所的市場」と訳されている．本書で訳書から引用する場合には「ローカル・マーケット」として変更している．

第2章 経済社会学の射程
――森林の危機を問う新しいアプローチ――

1 「埋め込みアプローチ」の展開

そもそも経済現象の社会学的分析は，マックス・ウェーバーやエミール・デュルケムといった古典にまでその源流を遡ることができる，社会学にとってもっとも伝統的な研究カテゴリーのひとつである．しかし，ここで中心的に依拠していくのは，こうした古典的な分析ではなく，「新しい経済社会学（new economic sociology）」や，「埋め込みアプローチ」と呼ばれる1980年代半ば以降のアメリカ経済社会学の潮流である．本章では，その射程について確認するとともに，「ローカル・マーケットの危機としての森林問題」という本書のテーマに関する分析に対してこの視点がもつ可能性について具体的に検討していくことにしたい．

「人びとの経済行動は，具体的で進行形の社会関係のシステムに埋め込まれている」［Granovetter 1985：487］というマーク・グラノヴェターの言明に始まる「新しい経済社会学」は，独自の「埋め込み（embeddedness）」概念をキー・コンセプトに据えて，幅広くさまざまな経済現象にアプローチしてきた．だが，リチャード・スウェドバーグも明確に述べているように，多くの経済社会学者は，この「埋め込み」概念の理解や，市場に関する知見の蓄積に決して満足していない［Swedberg 2003：131］．実際，転職市場から産業政策，自由貿易，そして2008年に発生した世界金融危機の分析に至るまで，経済社会学の分析対象が拡大していく過程は,「埋め込み」概念の有用性よりもむしろ,組織社会学や文化社会学といった研究領域が重複する分野とのあいだでの「埋め込み」の捉え方をめぐる論争と再解釈の展開〔例えば,Zelizer 1988;Krippner 2001〕に規定されてきたというほうが適切だと思われる.そして,市場の転換をめぐる議論も,そうした「埋め込みとは何か」をめぐる論争を通して形づくられていったといえる〔大倉 2008:135〕.

なかでも,市場をとりまいて生じる社会関係の構造を,変化のない一定のもの,あるいは自明のものとして捉えるのではなく,市場に参画する当事者間の調停や合意,争いを通して絶えず構築され,変化していく制度として捉えたうえで,現代の市場の特質やその社会全体への影響を,そうした社会関係の構造が生起し,安定が図られ,崩壊していくサイクルにおけるポリティクスから明らかにしていくべきだという立場から従来の「埋め込みアプローチ」を批判してきたのがニール・フリグスタインだった〔Fligstein 1996;2001a〕.フリグスタインは,従来ネットワーク分析に基づく検討が主流だった「市場の社会学」〔例えばWhite 1981〕に対して,市場が生起してくる過程で不可避的に生じる集団間の序列や,あるいはビジネスモデルや理想的な経営者像などが社会的に構成され,その経済合理性が十分に検討されることもなく拡散していく実態に着目して,そうした人びとの認知的な側面から市場を捉えるべきだと主張する〔Fligstein 2001a:230〕.「埋め込み」を,ただ社会関係の形式的な構造として理解するだけでなく,個別具体的な関係に生じる「意味の世界」を組み込んだ概念として再構成する必要性を提起したのである[1)].

2「市場の理論」としての経済社会学

(1) 市場の危機とその3つの意味

フリグスタインは市場を,自己の効用の最大化を目的として集まってくる人びとによって予定調和的に生じるメカニズムとしてではなく,その社会構造の安定（stability）が何よりも人びとのあいだで重視され追求されるフィールド（field）として定義している[2)]．ここでいうフィールドは，取引に参画する企業が相対して集まって制度を組み立てる空間のことであり，企業にとっては，「業界」がおおむねこのフィールドにあたる．「業界」は，ビジネスモデルや理想的な経営者像を提示しつつ今ある序列や支配構造を正当化する一方で，市場に参画する人びとの親密性を高める機会を用意したり，技術や商品の標準化や，取引に関わる企業を選別する役割を担う[3)]．パトリック・アスパースに倣えば，市場を「人びとが関係を構築し，その人らしさを表現できる社会的相互作用の一形態」として理解しようするのである［Aspers 2011：59］．

市場が生起するプロセスは，こうして取引や生産の分業，あるいは連合をめぐって生じる摩擦や対立，不平を調停し，また競争の不確実性を集合的にコントロールする局所的（local）なネットワークが発達していく過程でもある．規模も利害関心も異なる人びとが出会い，売買の機会や相互に利益の安定を図るために共同で取り決めを形づくっていく社会過程が，市場の効率性やその将来に少なからず影響を与えると考えるのである．

市場は，このようにして常にそれをとりまいて築かれる社会関係の構造が，安定を確保し，崩壊に至るサイクルに埋め込まれている．市場が生起する時期は関係構造も流動的で，それを克服する過程で人びとのあいだから生じる制度や知識が，それぞれの市場を特徴づけていく．フリグスタインの試みは，このような個別の市場が経験した固有の歴史的文脈に焦点をあてながら市場のダイナミズムを解明し，その社会全体への影響を分析する新たな「市場の理論」を切り開こうとするものだといえる．

そして，こうした点に着目すると，市場の危機についても従来のアプローチとは異なる様相が見出される．フリグスタインは，市場の危機とは，こうして安定的な売買を意図して築かれたフィールドが無意味化し，競争の集合的なコントロールが機能しなくなる事態だと述べる．そのうえで，市場の危機を，（１）生産物に対する需要の減少に加えて，（２）他の企業の侵入による市場を支える社会関係の構造の転覆，あるいは破壊，（3）国家による市場を支える既存のルールの掘り崩し，という3つのパターンに区分している［Fligstein 2001a：83］．ビジネスの機会の獲得や喪失が，需給関係だけではなく，それまでにない新たなタイプの競争相手の出現や政策介入をきっかけとした，フィールドの組み替えや崩壊に起因することを指摘しているのである.[4)]

以下では，このフリグスタインが区分した「市場の危機」のうち，「他の企業の侵入による市場を支える社会関係の構造の転覆，あるいは破壊」と「国家による市場を支える既存のルールの掘り崩し」についてやや詳しく検討したうえで，「ローカル・マーケットの危機」について，その含意を確認していきたいと思う.

(2) ポリティクスとしての市場

フリグスタインの市場の分析の特徴は，市場を，占有集団（incumbents groups）と，挑戦者集団（challengers groups）とのあいだのポリティクスを通して生起し変化していくものとして理解する点に現れる.

占有集団とは，フィールドにおける制度的取り決めを支配し，そこから恩恵を受ける企業の集まりであり，挑戦者集団はより恩恵が少なく，制度的取り決めに適応しながら存続を図る企業の集まりのことである．より具体的には，占有集団はもともと市場の創出にかかわった企業のネットワークを基礎にしており，挑戦者集団は，そうしたネットワークの外部にいるアウトサイダーだったり，その市場に遅れて参入した後発企業だったりする．したがって，企業の規模や市場シェアが，そのままこの区分と重なるわけではない.

このようにして市場を，2つの異なるタイプの集団間の関係を軸にしたフィールドとして捉えることでフリグスタインが明らかにしたかったのは，市場における競争や，あるいは摩擦，対立をうまくコントロールしつつ継続して利益を引き出していくことの難しさであり，また市場における安定が，対話や交渉といった人びとの粘り強い努力に支えられているという現実である．実際，占有集団は，集団の内部で生じる不平を調停し，競争をコントロールしつつ安定して利益を確保していくことを考える一方で，集団としてのまとまりそれ自体の崩壊につながるような動きが集団の外部で生じていないか日々観察している．誰と誰のあいだで取引が生まれ拡大しているのか．インフォーマルな取引の慣習を破ったり脅かしたりする人物はいないか．市場で起こる出来事に常に目を配りつつ，市場の内側で生起する序列や，あるいは市場と市場のあいだに築かれた境界を操作しようとする．

そうした占有集団に対して，新たな人びとのまとまりを組織して，それまでの市場に取って替わろうとするのが挑戦者集団である．もともとアウトサイダーであるがゆえに，既存の市場では，慣習的な利益配分のあり方や取引関係の過酷さに対する自らの不平を伝達する機会が限られ，それだけ競争や景気変動の影響にもさらされやすい．そうした人びとは，絶えず市場の内側に亀裂や摩擦を探り，時にはそこから新たな売買のネットワークを形成して，取引を組織しようと試みる．それは，従来のフィールドでは下位に位置づけられ，取引の機会を制約されてきた企業のネットワークによる市場内部の序列や商慣習の解体を意図した異議申し立て，あるいは対抗運動として捉えることができる．そして市場の転換は，単に，既存の市場が危機に陥るというだけではなくて，こうした対抗的な市場創出の試みが，実際に現状のフィールドを揺るがし，新たな社会関係の構造が出現する過程でもある．

こうしてみると，市場に生じる不確実性を低減する作業が，いかに困難なプロセスであるかがわかる．市場の安定は，けっして「当たり前」のものではなく，つねに試行錯誤のプロセスをともなう．占有集団は，そうした市場における社会関係の構造が固定的なものではないことをよくわかっているがゆえに，日々市場を行き交う情報を収集しつつ，新たな取引の回路を創り出す動きを牽制し，また抜け駆けをする人物を取引から締め出そうとするのである．これらは，人びとが共同で築き上げ，維持してきた現状の市場が危機にさらされることを予期した集合的な働きかけだと考えることができる．

(3) 政策介入と市場の転換

このようして市場の転換過程を，市場の内部の行為者間に生じるポリティクスから捉える一方で，フリグスタインは，国家の政策介入が，市場の存続を危うくするきっかけとなることもしばしば指摘している．つまり，市場は，ただ勢力間の闘争と占有集団の交替のサイクルを延々と繰り返すだけではなく，国家が掲げる経済理念やそれに基づく政策の内容や手法に規定され，時にはそれによって崩壊を強いられるというのである．

では，この国家の介入はどのようにして市場の安定や，あるいは転換過程に影響を与えていくのだろうか．

政策の立案や実施に関わる人びとは，国家が掲げる特定の理念や目標の実現に強い使命感を抱き，自らの任務を遂行するグループである．こうしたグループは，市場を形づくる集団とのあいだで設けた無数の結びつきを介して目標を達成しようと試みる．ここでいう市場を形づくる集団とは，おおむね占有集団のことであり，とりわけ近代以降の国家は，こうした相互作用のチャンネルを媒介にして市場の内部の関心や行き交う情報を観察し，政策を立案し，決定・実施していくことで，産業の育成を図ってきた．

フリグスタインは，官僚，政治家，企業，労働者など，介入を行う側，受ける側それぞれが，経済活動に対する介入の前提となる具体的な政策についてさまざまな主張を交わす相互作用のチャンネルのことを「政策領域（policy domain）」と呼んでいる．市場を組織し競争をコントロールしようとする占有集団は，国家の介入のパターンやその対象を予測しながら「政策領域」を切り開いて制度的な後ろ盾を確保し，業界内部の序列や参入の障壁を正当化しつつ，最大限の「安定」を得ようとする．とりわけ立ち上がって間もない市場にとって，こうした国家との結びつきは，市場の内部での序列を確立し，自らが競争をコントロールしていくうえで，公的な承認を得られたと集団の内外で受け止められるだけに，軽視することができない［Fligstein and McAdam 2012：207］．

ここまでの議論を図にまとめたのが，**図2-1**である．とりわけ現代における市場の転換は，それが既存の市場の安定を図る占有集団に対するものであれ，市場の転換を試みる挑戦者集団に対するものであれ，国家による政策の影響を無視して論じることは難しい[5)]．フリグスタインが政策当局と業界との相互作用を注視するのは，それが，単なる規制や補助による個別企業の行動の転換にとどまるものではなく，このようにして意図的に，あるいは意図せざる結果として市場の再組織化を促し［Fligstein 2001a : 13］，市場を行き交う資源や商品の動きを大きく変えていく可能性があるからである．

そして，後述するように，今日の木材市場をとりまいて起こっているさまざまな出来事からも，新たな占有集団が，企業間の連結・非連結のあり方を操作する一方で，政策的な支援を受けながら分厚い障壁を創り出して資源の流れを

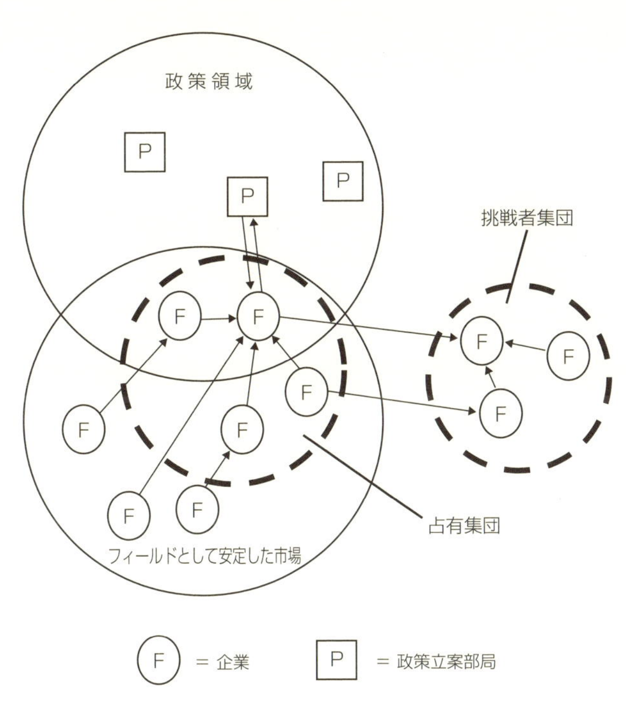

図 2-1　ポリティクスとしての市場

出所）筆者作成．ただし，作成にあたってはSparsam［2016］，17ページのFigure2を参考にした．

切り替えていく様子をうかがい知ることができる．ローカル・マーケットの危機の背後では，このようなかたちで市場の転換が進行していた．だとすれば，そうした市場の転換は，森林所有者たちの選択どのように作用したのか．ここで，経済社会学のアプローチは，森林所有者が直面する危機の現代的特質の解明という本書の主題と結びついてくる．

(4) 行為者の概念

ところで，こうして政策当局とのチャンネルも構築して市場の安定を図りつつ，共同でビジネスの機会を確保していく人びとの姿からは，これまであまり関心が払われることがなかった市場における行為者の一面が浮かび上がってくる．すなわち，単に自己の利益の最大化を追求する人物でなければ，個人的な目標の実現に執着する人物でもない．こうした古典的な経済人モデルからはかけ離れた側面が，現代の市場に参画する行為者にもあり，またそれが少なからず経済現象とその帰結に影響を与えていくのだということを，「ポリティクスとしての市場」という視点は示唆している．

現代的な市場制度のもとでも，個人にせよ，企業にせよ，周囲を顧みずに利益を追求するのは容易なことではない．経済行為といえども，他者の心情を緻密に計算し，相手との関係に亀裂や摩擦が生じないよう，注意を払いながら選びとられるのが常である．取引相手となる他者の反応を絶えず気にかけ，時には互恵的な判断を示して，自らの行為が狭い自己利益に基づくものではないことを他者に納得させる姿勢が，市場に対する信頼を強固なものにする［Fligstein 2001b：113］[6)]．その意味で，市場をとりまいて生じるさまざまな問題は，見えざる手によって自然に解決されていくわけではなく，むしろ互いに利益を追求するなかから生起する局所的な社会過程に，そのゆくえが規定されていく面がある．

実際，市場が危機に直面した際には，このようにして他者への配慮を示しながら，人びとのあいだに自ら分け入り，橋渡ししていくという点で秀でた人物や，あるいはそうした人びとの結束が，困難な状況を打開していく可能性を左右していくことになる[7]．とりわけ，複数の企業間で，利益の分配や取引のルールをめぐって相互に納得がいくかたちで合意や協力を導き出すまでの過程では，こうした機知に富む人物による「巧妙な仕事（tricky task）」がしばしば顕在化する［Fligstein and McAdam 2012：15］．こうした人物は，今ある市場がフィールドとしてすでに構造化されていて，自らの行為の選択肢には限りがあることがよくわかっている人物であり，またこのことは，こうした人物に備わる能力は，必ずしも生得的なものではなく，個別の業界での観察や人びとのあいだに分け入って経験した出来事に裏打ちされるかたちで身につけていくものだということを意味している[8]．フリグスタインの「市場の社会学」は，このように市場を業界の相互作用のなかに経済行為を位置づけることで，新たなビジネス像を打ち出していく視角でもある．

ここまで，従来の「埋め込みアプローチ」に対するフリグスタインの問題提起をもとに，「市場の理論」としての経済社会学の射程について概観してきた．市場の転換をめぐる歴史過程や，またその産業への影響は，需給関係やその中で生じる価格変動だけでなく，むしろ個人や企業が進行形で埋め込まれている具体的な社会関係の構造に規定される面があることを主張するところにこの理論の特徴がある．そして，現代日本における森林の危機がローカル・マーケットの危機，すなわち地域ごと，また木材の用途ごとに組織された局所的な木材売買のネットワークを基礎にした「森林の危機への対応力」を備えた木材市場の危機とかかわっていることがうかがわれる以上，このようにして，市場の創出に付随して絶えず生起する行為者間の利益の配分や取引の機会の確保をめぐる社会過程を視野に収めることで，今日の森林所有者たちの選択をめぐる因果関係を明確にしていくことが可能になるように思われる．

では，このようにして市場の危機にアプローチする視角を新たに導入することで，現代日本の森林問題は，いったいどのような問題として捉えることができるだろうか．以下ではこの視角をフレームワークとして，現代の森林の危機を規定する歴史的な経過についてローカル・マーケットの危機をとりまいて生じた出来事に焦点をあてて把握しながら，次章以降の分析における論点を整理したい．

3 森林の危機をとりまく歴史過程

——市場の転換へのアプローチ——

(1) 市場のローカルな文脈からの切り離し

もともと木材産業は，伐採・集荷・製材・供給の過程がそれぞれ特殊で，これに地域的な自然条件の差異が加わって，市場はローカルに形成されてきた．それゆえ，取引や契約についても，暗黙の了解を含むようなかたちで発達を遂げてきた．

フィールドとしての市場の成り立ちに着目すれば，そうしたローカルな市場は，互酬を基礎にした相互関係の発達にその特徴を見出すことができる．木材の売買にかかわる人びとにとって，互酬を基礎にした相互関係が，取引形態や売買の機会，利益の分配をめぐる対立や摩擦，不平を調停する回路ともなり，市場の安定をめぐる試行錯誤を生んできた．そして，そうした相互関係から発達する義務感や規範を資源としつつ，危機的状況を，市場に参画する人びとが連携して対応していこうとする手探りの努力から立ち上がっていったのが，第1章で確認した木材供給の調節だったのである．つまり，木材の売買にかかわる人びとが，互いの利益を安定的に確保していくことを追求した結果として見出されたのが，無数のローカル・マーケットだったのであり，それぞれの市場が，参画する人びとのあいだで，独自に競争をコントロールしていく社会過程を発達させ，そのなかで過度な価格競争の発生を抑え込んできたと考えられる．

もちろん，そうした市場に参画する人びとの試行錯誤がすべてうまくいくわけではない．相互の利益がうまく確保されたかたちで市場が組織されなかったり，あるいはうまく組織されたとしても，一過的なものにとどまる可能性もある．ローカルな市場であっても，抜け駆けや利益の独占が生じて取引が断たれたり，紛争状態に陥る可能性が常にあるからだ．そのような事態を予測しながら，それが現実化することを防ぐために，絶えず取引のパターンは調整が図られていく．ローカルな市場には，そのような緊張感をともなう駆け引きが常にみられる．

こうしてみると，総じて規模が小さく，また所有形態も異なる多様な森林所有者を組み込んで形成された「森林の危機への対応力」は，個別の市場に築かれた相互関係を拠り所にした手探りのプロセスから生じていることがわかる．こうしたごく狭い範囲のネットワークのなかで取引を反復するなかから，市場に生じる不確実性の低減を図り，収益を安定的に確保しつつ，森林の蓄積を維持する活路を見出してきたのが，日本の森林経営の特徴だったといえる．

ローカル・マーケットの危機とは，市場が，こうして人びとが共同で築き上げてきた相互の利益を調停する社会過程から切り離されつつ，過度な価格競争を抑えることができない状況に陥っていくことを意味している．そして，森林経営にとって危機とは，こうして森林所有者自身が競争の調整に加わってきた社会過程から切り離されていく経験でもあることがうかがえる．だとすれば，それはいかにして起こったのだろうか．

(2) 「異業種」としての外材業界

こうした木材市場の長期的な転換過程に深く関与してきた存在として浮かび上がってくるのが，1960年代以降，主に外国産材の調達・製材・加工を担い，木材供給をリードしてきた外材業界である．ただし，経済社会学が注目を促すのは，この問題をめぐってしばしば指摘される外国産材の価格競争力ではない．

日本の国内，国外を問わず，また住宅用材から合板まで，近年，日本の製材業者のあいだでは，加工規模の拡大が急速に進行している．それにともなって地域内の零細な製材工場は淘汰が加速し，国内で伐採される木材も，そうした大規模製材工場への出荷が増大している．その先駆けとなって，国内から供給される木材の大規模な加工を手がけてきたのが，それまで外材を中心に据えて木材の加工・供給を担ってきた製材業者であった．

戦後の日本では，高度経済成長期にかけて，木材需要が急激に増大した．しかし，国内の木材産業は，ただでさえ規模が零細で，供給拡大が容易でなかったうえ，戦中の伐採強化によって木材が不足していたことも重なって迅速に対応することができず[9)]，結局木材供給の軸は，外材の輸入にシフトしていくことになる．

そして，こうした外材市場の形成は，長らく政策当局の手厚い対応によって支えられきた．各地で木材輸入港の整備から製材業者が立地する団地の造成まで，さまざまな補助事業を通して大規模な木材供給の基盤が整備され，その結果として新たな市場が生み出されていった．逆に言えば，戦後の外材市場は，自然発生的に生じた市場ではなく，積極的な政策介入を抜きにして決して成り立たない市場であり，ローカルな木材市場とはまったく異質な木材流通のパターンを生み出していくことになったのである．

それゆえ，もともと外材を取り扱う業者は，森林所有者の主観の中では「異業種」であって，ローカルな木材供給とは隔てられるかたちで市場を形成してきた．後に詳しく振り返るように，相互にフィールドを共有せず，連帯も皆無．むしろ各々の市場が競合することなくそれぞれの需要に対応していたというのが実態だったと思われる．

翻って，今日の木材市場では，２つの異なるタイプの市場を隔ててきた境界は，事実上消滅し，もともと外材を軸に据えて木材の供給を担ってきた人びとが市場の創出をリードする一方で，各地で無数に組織されていたローカルな木材市場の衰退が進行している．そしてその過程で，木材の取引をめぐって激しい価格競争が生じ，森林の危機は，深刻さの度合を増している．政策当局の手厚い支援に支えられて創り出された市場が，国内の木材供給に入り込んで新たな序列を形成するかたちで，市場の転換が進行していくなかで，問題が拡大している状況である．

このように振り返ると，ローカル・マーケットの危機は，高度経済成長期以降の木材需要の急増に対応した政策介入の長期的な帰結として捉えることができる．木材市場の現代的特質を捉えようとするとき，経済社会学が注目を促すのは，こうした今から50年以上も前の政策的な働きかけを契機とした新たな市場の創出が，森林所有者たちが信頼を寄せてきた市場を崩壊に導くに至るまでの歴史過程である．そして，こうした市場の転換が，木材市場をどのように変え，また森林所有者の選択にどのような影響を与えていくことになったのかを具体的に理解していくうえで重要な糸口となるのが，「近くの山の木で家をつくる運動」をひとつの典型とする，森林所有者が中心になった新たな市場創出の展開である．

(3)　対抗的市場創出としての「近くの山の木で家をつくる運動」

森林所有者による危機への対応のなかで，「近くの山の木で家をつくる運動」には，大きく次の3つの点で，他の取り組みからはうかがい知ることのできない，フリグスタインの言う「市場の危機」との対応関係を見出すことができる．

第一に，こうした取り組みの多くが，前述のような高度な加工設備を整えて，規模拡大と効率化を追求する近ごろの製材業者や住宅施工業者の取り組みとは一線を画しながら進められているという事実である．こうして新たに組織された供給網とは分け隔てるかたちで市場を創出して，リターンを安定的に確保していこうとしたところに，この取り組みの第一の特徴がある．

そうして，短期的に大量の木材を加工し，供給する木材売買のネットワークとの結びつきが希薄である一方，むしろローカルな結びつきや，あるいは大都市でそうした木材供給を前提とした家づくりのあり方を見直す局所的なネットワークと連携を強化してきた点が，この試みの第二の特徴といえる．こうした新たな売買のネットワークの創出や，あるいは既存のローカルな木材売買のネットワークの組み替えを通して取引の機会を確保し，森林の蓄積を損なわないようにしようと試みている．

そして，この試みの第三の特徴といえるのが，多くの取り組みが，木材価格を固定することを選択している点である．近年の木材市場では１年間に10%以上，木材価格が変動することが決して珍しくないなかで，あえて森林所有者の側で取引価格をいったん固定したうえで，そこから伐採や搬出，そして再造林に要する費用が森林に安定的に還流するように人びとを結びつけ，新たな木材売買のネットワークを形づくってきた点に，この取り組みの特徴がある．

「近くの山の木で家をつくる運動」は，このように，ローカルな木材市場の衰退が進み，それまでとはまったく異なるかたちで市場が組織され，木材の生産と供給のパターンを規定するようになっていく過程で，森林所有者が自ら人びとのあいだに分け入って，利益の分配や取引の機会をめぐって合意や協力を得ようと繰り広げた試行錯誤の末に見出したひとつの問題解決策である．その意味で，この取り組みは，単に生産・加工に手間暇をかけて市場で競合する商品と差別化を図ろうとするものでもなければ，あるいは日本固有の「木の文化」を守ることを意図した取り組みでもない．新たな木材市場と明確に一線を画したり，木材価格を固定したりといったこの試みを特徴づける森林所有者の選択からは，現状の木材市場における価格競争に対する不平や，あるいは取引関係の過酷さに裏打ちされた対抗的な市場創出という，この取り組みのもつ一面をうかがうことができる．

今日の森林経営は，高度経済成長の中，急増する木材需要を満たすために政策的な介入のもとで計画的に創出され，世界中から木材を買い集めてきた木材市場と相対するかたちで，森林の蓄積を維持していくことを求められている．「近くの山の木で家をつくる運動」は，そうした事態に対する森林所有者の危機意識が，もっとも直接的に表れた取り組みだといえる．それゆえ，この試みの広がりとゆくえを跡付けることは，危機の全体像を捉えるうえでの有力な足がかりとなるであろうし，また，現状の木材市場を問い直し，森林再生をめぐる新たな展望を見出すきっかけにもなると思われる．

4 環境社会学としての経済社会学

(1) 現代日本の森林の危機と経済社会学

ここまで，現代日本の森林の危機を読み解いていく視角として，近年の経済社会学の理論的動向について概観したうえで，それをもとに，第1章での検討から導き出した「ローカル・マーケットの危機としての森林問題」という本書のテーマのもつ含意について，若干の考察を試みてきた．このような視角から問題にアプローチすることで，ローカルな木材市場の危機は，戦後の木材の生産・供給に対する政策介入を契機とした木材市場の長期的な転換過程で生じていること，そしてそのことが森林所有者の選択に作用した結果として，育林からの撤退や，あるいは「近くの山の木で家をつくる運動」というかたちで市場からの離脱が生じている実態が徐々に浮かび上がってきたのではないかと思われる．

ここでは，これまでの検討から導き出される論点を整理して，現代日本の森林の危機的状況をとりまく基本的な問題領域を改めて定義したうえで，次章以降の検討内容について触れたいと思う．

さて，前節までの議論をもとにすると，ローカル・マーケットの危機という問題設定は，次の5つの問題領域に整理することができる．

①木材市場の転換は，いつ，どのようにして生じたのだろうか．

ここでいう市場の転換は，市場をとりまいて築かれた既存のフィールドが衰退し，新たなフィールドに取って代わられていくことを意味している．今日の森林の危機をめぐって，それは，ローカルな木材市場と外材市場のあいだを隔ててきた境界が消滅し，林業が地球規模で木材を取引する人びとと直接相対することを余儀なくされていく過程に見出すことができる．このような事態が，いつ，どのようにして生じたのだろうか．その歴史過程にはどのような特徴が見られるだろうか．その具体的な様相を明らかにしていくことが，危機の基本的な構図を知るうえで重要になることを，ここまでの議論は示唆している．

②戦後日本における木材の生産・供給に対する政策の特質とはどのようなものだといえるだろうか．森林政策は木材市場の転換にどのように作用したのか．

そうした市場の転換過程に深く関与していることがうかがわれるのが，林野庁を中心とする政策当局による木材市場に対する積極的な政策介入である．木材需要の急激な伸びに対応して，速やかに外材市場が組織される一方で，日本の森林が針葉樹を中心とする人工林に切り替わっていくことになったのは，そうした政策の成果である．そうしたなかで，政策当局は，ローカルな市場をどのような市場として定義し，木材業界に対してどのように働きかけてきたのだろうか．また，そうして政策領域と業界とのあいだで生じた新たな相互作用は，ローカル・マーケットの危機とどのようにかかわっていくことになるのだろうか．木材市場の転換という結果を生みだした要因を明確にするうえで，こうした政策当局の介入の意図や具体的な手法，そしてその長期的影響が問われていくことになる．

③木材市場の転換はどのように森林所有者の選択に作用したのか．

そして，これらの作業をふまえたうえで問われるのことになるのは，このような長期にわたる市場の転換過程が，森林所有者の選択に実際に作用していく様子である．市場の転換は，どのような現実を森林所有者たちのあいだに生み出していったのか．言い換えれば，それまで森林所有者たちが信頼を寄せてきたローカルな木材市場が失われていくプロセスは，具体的にどのような事態として経験され，森林所有者の選択に影響を与えていったのかが問われることになる．それは，それまで過度な競争に歯止めをかけつつ，森林へのリターンを安定的に生み出してきた木材市場が失われていくという経験を，木材取引をめぐる「意味の世界」に焦点を据えて明らかにしていく作業となる．

④市場のグローバル化とは，市場とかかわりつつ環境・資源を管理する人びとにとってどのような経験なのだろうか．

経済社会学の立場からみれば，グローバル市場の形成は，それ自体新たなフィールドが生起していくプロセスでもあるから，グローバル化は，取引相手を自由に選べるようになったり，あるいはまた選択肢が増えたりということを，必ずしも意味しない．だとすれば，いったいそれはどのような経験なのか．戦後日本における木材市場の転換過程を読み解く作業は，期せずしてグローバル化とはそもそもどのような経験なのか，当事者としての経験を通して捉え直す作業へと結びつく．

⑤市場メカニズムはどのようなときに環境に対して破壊的に作用しうるのか．

さらに，このようにして市場の転換にアプローチしていくことは，市場がどのようなときに環境・資源に対して破壊的な帰結をもたらしていくことになるのか，市場をとりまいて生じる社会過程に焦点を据えて，その関係を改めて整理する作業に結びついていく．とかく環境・資源の持続的な利用に対する市場の影響をめぐっては，それを擁護するにせよ否定的に捉えるにせよ，しばしば原理的な議論に収斂しがちである．それに対して経済社会学の視点のひとつの特長は，このようなタイプの議論を回避しつつ，しかし，現状の市場制度を問い直していくことを可能にしていく点にある．すなわち，市場の環境・資源の利用への影響をめぐって，市場原理そのものが環境に対して破壊的な作用を生み出す直接的な原因となっていないとすれば，どのような市場が破壊的作用を生むのか．このように問うとき，経済社会学は，環境と経済との現代的な関係を明確にするための新たな視点となる．

(2) 環境社会学から経済社会学へ

以上のように,「ローカル・マーケットの危機」という問題設定は，現代日本の森林が直面する危機の実態を捉えるだけにとどまらず，グローバル経済の具体的様相から，環境・資源の蓄積を食い潰しながら絶えずその領域を拡大してきた現代の市場制度の問い直しまで，幅広い問題をその射程に収める．こうしたアプローチが必要だという認識に至ったのは，これまでのこの問題の分析が，基本的に「市場か，環境か」をめぐる議論に終始し，そのなかで意図したことではなかったにせよ，森林所有者の対応は否定的な文脈で語られることがほとんどで，そもそもそうした対応について知ることが，森林の危機からの脱却を図る糸口となるとは考えられてこなかったからである．

例えば，木材価格が低迷を続けるなかであっても，効率的な森林経営を確立することによって危機からの脱出が可能だとする立場から見れば，供給量に波があり，また先進的な施業技術の導入や機械化が進まない現状の林業は，世界的に見ても遅れた存在として捉えられることになる[10]．その根底には，木材の質・量の両面で需要に見合う供給能力の向上を怠ってきたことが林業衰退の原因だという確信がある．そしてもう一方には，木材価格が低迷する状況下で，経済主体である森林所有者に森林の管理を委ねること自体，森林の持続的利用にとってリスクを高めるという立場もあって，こうした立場から見れば，むしろボランティアや，地域住民の自発的な取り組みが，今日の森林管理の担い手として関心を集めていくことになる[11]．

そして，このようにして森林所有者の危機への対応を否定的に語ってしまうところは，社会学の議論も例外ではなかった．それは，今日の管理放棄林の拡大をめぐって環境社会学を中心に言われている以下のような説明を見れば明らかだと思われる．

すなわち，伝統的に日本の森林は，燃料や食料の供給源として利用され，名義上は個人の森林でも，地域住民の公平な利用という観点からさまざまな取り決めが交わされ，住民が共同で維持管理にあたってきた．しかし戦後，そうした生活に根ざした森林利用は途絶え，住民の森林に対する関心も薄くなり，取り決めも空洞化した．こうして事実上，短期的な利益に関心が集中しがちな所有者に管理が一元化され，拡大造林政策の浸透で森林一面が針葉樹で覆われたことで，森林利用が地域の生業から切り離されて，管理が市場の影響を受けやすくなっていった，という説明である［鳥越 1997；宮内 2001a；2001b］.

これまでの森林問題に関する社会学的検討からみれば，森林の利用が森林所有者のような個人，それも自然環境の保全よりも経済的な利益の獲得を優先する個人に独占され，地域住民相互の利用制限が失われて森林管理が木材の需給関係に左右されること自体，森林が不確実な状況に置かれることを意味する．そして，こうした現状の理解をもとに，例えば「日本の地域社会の環境は誰がどう保全していくべきなのか，その仕組みはどういう考えのもとにどう作っていったらよいか」［宮内 2001b：56］と問う．

確かに，今日の森林所有者の選択にとって，経済的利益の規定力はきわめて大きい．しかし，これまでも見てきたように，実際に人工林経営に踏み出した森林所有者にとって，今日のような事態は，必ずしも自然環境の保全よりも経済的利益を優先した結果として起こっているというわけではない．そうではなくて，森林の蓄積を維持しながら危機に対処していくことを可能にしていた市場が失われた結果として起こっていると認識されている．現代の森林の危機をとりまいて生じているこうした現実は，むしろ森林所有者の対応を否定的な文脈で捉えるパースペクティブそのものから距離を置くことをわれわれに要請するのである．そして，そのような現実こそ，経済社会学の視点からの検討が求められることになった所以である．

(3)　第3章以降の構成について

ここで，次章以降の構成について述べておきたい．第3章からは，以上の問題設定をふまえるかたちで，第二次世界大戦の終結から今日に至るまで，ローカルな木材市場をとりまいて生じたさまざまな現実に焦点を据えて，とくに住宅用木材市場の転換をめぐる長期的な歴史過程について分析を進めながら，森林の危機の現代的特質を解明していく．

第３章では，高度経済成長期の木材需要の急増に取り組むために採られた政策について，その意図と具体的な内容，業界との相互作用を中心にして，その特徴を明らかにしていく．ローカルな木材市場に対して批判的な立場に立つ指導者として新たに行政組織が確立される一方で，それとは分け隔てられた新たな市場として，外材市場が形成されていく過程を追い，外材を中心に据えた木材供給体制が急ピッチで整えられていく様子を明らかにしていく．

第４章では，このような外材市場の拡大に対する森林所有者の対応を，原木市を中心としたいわゆる「優良材市場」の形成過程を中心にたどる．外材の流通が拡大するなか，無節材や，あるいは銘柄材といった外材が容易には入り込めない市場が新たに見出され，市場の境界が強化されていく実態を捉えるとともに，そうした動きがその後の「ローカル・マーケットの危機」にとってもつ含意についても検討を行う．

そして第５章では，そうして構築された外材市場と国産材市場との境界が消失し，それをきっかけにして木材市場の転換が進行していく1980年代以降の木材市場について分析する．とくに1990年代後半以降，集成材やプレカットをはじめとする大規模に木材加工を行う新しいタイプの工場が中心になるかたちで「占有集団」の交替が進み，既存の市場に取って代わる動きが顕在化するなかで，価格競争に歯止めがかからなくなっていく実態を明らかにしていく．

第６章と第７章では，このような木材市場の転換に対応するかたちで生起した「近くの山の木で家をつくる運動」の展開を，徳島県と兵庫県，２つの取り組みを中心にたどる．市場の転換が進む一方，育林の継続が次第に難しくなっていくなか，森林所有者たちは，ローカルな文脈から切り離されつつあった木材市場を，市場に集まる人びとそれぞれの生産・供給能力の限界に沿うかたちで相互の利益の安定を図る社会過程に埋め戻すことを試みるようになる．現状の市場とは一線を画すかたちで市場を創出し，それによってグローバルな市場と直接相対することを余儀なくされている現状から離脱を図ろうとしてきたこうした試みから，森林の危機をとりまいて生じている「ローカル・マーケットの危機」の内実へアプローチしていく．

以上の木材市場の転換に関する分析をふまえて，現代日本における森林の危機をとりまいて生じている現実について第8章で改めて検討を行う．そのうえで，最後に，その後の森林政策の展開もふまえながら，森林の危機を論じるうえでの経済社会学的アプローチのもつ意義について展望してみたいと思う．

注

1）以下では，フリグスタインの現代の市場に関する一連の社会学的考察［Fligstein 1996；2001a；2001bなど］のほか，近年になって発表されたダグ・マックアダム（Doug McAdam）との共著についても，ここでの議論と関連する限りにおいて参照していく．

2）次の定義は，より理論的である．「市場は，財とサービスを生産したり売ったりするために存在する社会的アリーナであり，構造化された交換によって特徴づけられる．構造化された交換とは，行為者が交換の反復を予期し，またそれゆえ，交換を導き組織するルールと社会構造を必要とすることを意味している」［Fligstein 2001a:30］．ちなみに，2002年の段階で，グラノヴェターが市場をsocial spaceとして捉えたうえで，「人びとが存在する社会空間（social space），制度，制度的セクターを明らかにし，それらの空間（space）がどのようにして生じ，どのように連結・非連結し，どのように資源がそのあいだを流れるのかを論じる」ことが，経済社会学の課題だと指摘しているあたりにも，フリグスタインの理論の影響を見てとることができる［Granovetter 2002：49］．

3）ここでいう序列や支配構造の具体例として，経済社会学者のあいだでしばしば言及されてきたのが日本企業の「系列（keiretsu）」である．「系列の全体構造は，重要な相互依存関係を固定し，さまざまな系列のメンバーが不況を生き抜く余地を生み出した．しばしば銀行は系列の中心であり，企業の内部的な資本市場として機能した」［Fligstein 2001a：82］．系列は，あくまでインフォーマルな結合だが，業界を通して正当化され，企業のパフォーマンスに影響を与えてきた点が強調される．

4）ただし，フリグスタインは次のように述べることも忘れていない．「社会学者は市場のなかの企業が価格や費用，あるいは消費者を喜ばせることを気にかけていないと言いたいのではない．彼らの資源依存をコントロールや彼らの市場シェアを保護するための政府の介入を得ることを注視しているだけである」［Fligstein and Dauter 2007：121］．

5）経済社会学ではすでに，産業政策の立案者の問題認知（フレーム）や役割規定が，純粋な経済理論に従うわけではなく，むしろ歴史的に形成されたものだということ，つまりフレーム自体が歴史に埋め込まれていることを，比較研究を通して明らかにしている［例えばDobbin 1994］．こうした研究によって，市場の危機は，企業間の関係構造の変動だけでなく，産業に対する政策介入のパターンの確立を契機とする市場の長期的な転換過程の中で生じてくることへの関心が集まるようになった.

6）この点については例えば，アナリー・サクセニアンが『現代の二都物語』の中で次のように述べていることとも重なる.「契約にとどまらない不文律を守り，市況が変わった時にもお互いを食い物にしないという互恵的な決断から，忠誠心が生まれた．一部の企業は，苦境に陥った業者に融資を提供したり，技術支援をしたり，機材や人材を提供したり，新規顧客を見つける手伝いをして支援することさえあった．各企業はこうした相互関係をおおっぴらに認めていた.『あの会社の成功がうちの成功』『かれらに拡大家族の一員だと感じてほしい』といった発言が，シリコンバレーのシステム企業における購買担当者からはしばしば聞かれた」[Saxenian 1994：邦訳 256].

7）ちなみに，フリグスタインとマックアダムは，このような人物（行為者）のことをskilled social actorと呼んでいる．２人は,「共有された意味や集合的なアイデンティティの創造を訴えたり，一役買ったりすることで，人びとに協力を誘発する能力」のことをsocial skillと呼ぶ［Fligstein and McAdam 2012:46]．そして，skilled social actorを,「支援者たちに協力を説得したり，他の集団との調整の手段を見つけ出すことによって，既存のルールや資源を局所的な秩序の生産に変換する方法を見出すのに欠くことのできない行為者」として定義している［Fligstein and McAdam 2011：11].

8）この点は，例えばフランク・ドビンが,「近代の経済合理的な行動は，生得的なものではなく，習得されるものなのである」[Dobbin 2005：26］と述べているように，経済社会学のもっとも基本的な経済行為に関する認識といえる.

9）1941年に木材統制法が制定され，立木の所有者に対する統制会社への売渡命令，輸入材・移入材を含む国内流通材の売渡または販売委託命令，木材の消費量および用途の制限，さらに製材加工業を含む木材業の許可制など，木材生産・木材流通に対する全面的な強制措置が規定された［大日本山林会『日本林業発達史』編纂委員会編 1983：487-488]．ここでいう「戦時中の伐採強化」とは，こうした「戦時統制に基づく伐採強化」のことを指す．このことの育林への影響については次章以降の検討でも触れていく.

10）こうした立場は，例えば梶山恵司氏の主張が典型的である．林業の現状について，梶山氏は次のように述べている.「日本には，現代林業を行う前提となる理論や技術が存在せず，それを支える人材も育っていないということだ．だからこそ，現場は自己流で混乱の極みに達しているわけだが，このような状況ではいくらカネを注ぎ込んでも，砂地に水をまくに等しい結果に終わってしまう」[梶山 2011：13].

11）これについては例えば，林学者を中心とする森林ボランティアをめぐる検討［山本編 2003］を参照.

第3章 木材供給の安定的確保

1 経済成長と森林

戦後の日本の森林の歴史は，急激に増大する木材需要への対応，なかでも用材需要[1)]の拡大をめぐる政策当局の選択や働きかけに，文字通り翻弄された歴史である．

戦災で破壊された建物の復旧，石炭生産に必要な坑木の増産の要請，さらにそれに1950年以降の特需景気が加わって，木材需要は増大を続け，1951年には3000万m^3を突破し，1957年には，5000万m^3を超えた．戦前の段階で最も多くの木材が消費された1920年代後半の用材需要がおおむね2000万m^3程度で推移していたことを考えると，この時期の需要がいかに旺盛なものだったのかがわかる．

このような状況に対して，ローカルな木材市場の側では，事態に迅速に対応することが困難な状況が続いていた．もともと多くを薪炭林が占め，人工林として長期にわたって管理されてきた森林が限られていたうえ，戦時中の木材供出も重なって，供給可能な木材が不足していたからだ．そうしたなかでも，全体としてみると森林の生長量を上回る伐採が続けられていたが，山林解放や林地収用に対する懸念が広がったこともあって，今度は多くの森林所有者が跡地への植林を手控えるなど，未造林地の拡大が深刻化していた．

そのような林地の回復の遅れには，政策当局も危機感を抱くようになっていた．例えば1949年に経済安定本部が発行した『経済現況の分析』には，「国土の荒廃，国土の食いつぶし」の一例として次のように指摘されている．

> 戦争とそれに続くインフレの期間を通じて，国土の保全または維持のための努力はほとんど放棄されていたが，その影響は災害の累増の傾向に最も鋭くあらわれている．……（中略）……山林についても生長量以上の過伐が継続している結果，……（中略）……特に伐採運搬に便利な里山はほとんど伐採されつくされんとし，林相は悪化して災害の有力な原因となっている．（経済安定本部『経済現況の分析』29-30ページ）

そして，戦後新たに発足した林野庁[2)]を中心とする政策当局は，森林所有者に対して未造林地の回復を促す一方，高度経済成長期を通して，用材の生産・供給のパターンを自ら模索し，市場の創出に直接関与していくようになる．

この日本社会が飛躍的な経済成長を経験した時期の積極的な政策介入が，それからおよそ50年後の森林所有者の選択に影響を及ぼしていくことになるのだが，本章と次の章では，高度経済成長期を中心に，政策当局の直接的な介入をきっかけに生じた木材の生産と供給をめぐる新たな展開を振り返っていくことにしたい．本章ではまず，この時期に採られた政策の意図，具体的な内容，そして特徴的な手法について検討し，政策と業界との相互作用から新たに生起していくことになった木材供給の体制について確認していこう．

2　ローカル・マーケット批判としての森林政策

(1)　再造林から拡大造林へ

戦後間もなくから造林に対する行政の助成，指導は始まっていたが，のちの育林にもインパクトを与えることになる介入の端緒となったのが，「造林臨時措置法」と「森林法」の改正であった．

相次ぐ助成や指導にもかかわらず遅れていた林地の回復を急ぐ政策当局は，

まず1950年の「造林臨時措置法」で，要造林地の開墾地としての買収，使用を禁止したうえで，1951年には「森林法」を改正し（新森林法），「森林計画制度」のもと，森林の施業を行政庁の責任のもとに置くことを法律上，はじめて明確に定めた.「森林計画制度」は，①幼齢林を皆伐しないこと，②幼齢林については周期的間伐を行うこと，③皆伐した伐採跡地には，伐採後2年以内に造林すること，④急傾斜地における森林を皆伐しないこと，の4つの施業原則のもとで策定されることが定められ，森林所有者には，そうした原則に沿った施業が求められることになった.

そして，この「造林臨時措置法」と「新森林法」に基づく森林管理に対する規制が明確化される一方で，造林に対する予算措置も新たに確保され，年間の造林面積は，1948年の約10万ヘクタールから1950年には30万ヘクタール，1954年には40万ヘクタールを上回り，1956年に未造林地への造林は完了する．そして，それ以降の助成は，「再造林」ではなく，針葉樹への「林種転換」，すなわち「拡大造林」をめざしていくことになる.

まず，1957年に「造林補助査定要領」が改められ，造林の補助率の査定基準のなかに，拡大造林に対して再造林の2倍の補助を行うことが明確化された[3)].政策当局が意図する造林の重要度に応じて，林種によって補助率に格差を設けたのである．これにより，造林事業の4割から，場合によっては6割程度までが，公的な助成で賄われることになった．またその前年に設立された森林開発公団は，熊野川流域（紀伊半島）と徳島県剣山周辺での林道建設を足がかりに奥地林開発を主導し，未開発林の開発を通して用材生産地の拡大とともに，里山での伐採の抑制を図った.

エネルギー革命が進展して薪炭需要が激減する中，こうした一連の政策は，将来的な木材価格の上昇を見込んで，空前の造林ブームを各地で引き起こした.この頃の造林熱について，例えば当時，山村地域を巡回していたある林業試験場職員は，「『スギを植えれば，銀行預金よりもうかるというのは本当か』，『何年経てば収入になるのか』，公民館に詰めかけた地下足袋の男たちや割烹着の

表 3-1　民有林における自力造林の面積と割合

（単位：ha）

	総数	自力造林	補助造林	融資造林	公団造林	自力造林の割合
1965	283,833	5,515	221,742	36,446	20,130	1.9%
1966	274,245	5,405	210,956	36,503	21,381	2.0%
1967	272,367	5,663	210,106	34,570	22,028	2.1%
1968	263,522	7,268	202,412	33,476	20,366	2.8%
1969	272,316	7,121	209,374	35,239	20,582	2.6%
1970	268,559	7,736	204,841	35,866	20,116	2.9%
1971	255,511	17,964	191,343	28,030	18,174	7.0%
1972	225,850	17,626	162,317	26,348	19,559	7.8%
1973	200,146	17,168	142,842	22,656	17,480	8.6%
1974	179,584	17,123	130,656	21,932	9,873	9.5%
1975	170,205	16,220	125,271	19,787	8,927	9.5%
1976	162,730	16,057	116,387	19,930	10,356	9.9%
1977	156,364	15,514	109,732	20,948	10,170	9.9%
1978	145,673	13,361	100,009	18,068	14,235	9.2%
1979	131,783	12,341	91,720	13,691	14,031	9.4%
1980	116,266	10,459	81,553	12,816	11,438	9.0%

出所）『戦後林政史』731頁より筆者作成.

主婦から質問攻めにあった」と振り返っている（『読売新聞』2006年4月4日）.

今日のスギ・ヒノキを主体とする森林の多くは，このようにして1950年代以降，それまで人工林経営の経験が限られた地域まで，政策的な造林事業が拡大していく中で形成されたものである．1960年から1980年までの20年間で，拡大造林地は民有林だけで約400万m^3に達し，国有林も合わせると全国で500万m^3を超える森林が針葉樹に植え替えられ，日本の森林は，多くが針葉樹で覆われていくことになった．そしてその多くが，森林所有者の「自力」ではなく，分厚い政策的な補助によって生み出されたものであった（表3－1）.

しかし，こうした一連の造林政策を打ち出してもなお，増大する木材需要に見合うだけの供給拡大には結びつかず，用材価格の高騰が続いた．とくに1952年以降は，一般物価を上回る価格上昇率が続き，原木は「独歩高」といわれるようになる．こうした傾向は勢いを増すいっぽうで，1960年から61年にかけては30％近くの価格上昇を記録し，価格の高騰が公共投資や産業の成長の足かせとなっていることが指摘され始めるようになる．このような中で，政策当局も，外国産材の輸入拡大を選択肢のひとつとして大急ぎで検討し始めることになる．

(2)　木材輸入の自由化

そうした急騰する用材価格への政策当局の具体的な対応として現れたのが1961年8月15日に発表された「木材価格安定緊急対策」である．

この新たな「対策」では，昭和36年度と37年度の木材需要を，35年度に対して2010万m^{3}の増加と見込み，これをまかなうために国内生産量870万m^3，外材輸入600万m^3，廃材チップ使用量540万m^{3}の増加が必要であるという見通しを示したうえで，それを進めるための具体的な措置として，国有林対策，民有林対策，輸入対策の3つの柱を立てている．

国有林については，対策が発表されてから9日後の8月24日に「国有林木材増産計画」が発表され，いっぽう民有林対策としては，伐採奨励のための増伐減税が導入されたほか[4)]，そのために，林道開設事業として，およそ3億円の予備費が計上され，さらに緊急伐採した跡地の植林についても予算が確保された．しかし，増大する木材需要への具体的な対応という点で決定打となったのは，こうした対策よりもむしろ，木材輸入の拡大を推し進めていく姿勢を明確に打ち出した点にある．

戦後の木材輸入は，1958年にはすでに戦前の最も輸入量が多かった時代の水準（1928年の約350万m^3）に達していたが，その中心は，ラワン材を加工し，輸出する合板産業による輸入で，1960年以前は輸入材の7割から8割を占めていたとされる．しかしながら，この新たな対策で輸入の拡大が意図されたのは，主に建築用材である．そして，その中心を占めていたがアメリカ産材（以下，米材）だった．

米材丸太の輸入は，すでに1956年に自由化され，建築用材も輸入が始まっていた．しかし，外貨が豊富とはいえないなか，国内の木材価格の高騰の中でもなお，外国産材との価格差があったこと，また木材港が限られていたうえ，それぞれの貯木能力にも限界があったことに加えて，台風の直撃によって輸入港から原木が流出し，周辺に大規模な損害を出したことで輸入港が厳重な入荷調整を強いられたことも重なって，600万m^3という唐突に打ち出された目標も，容易に実現を見通せるものではなかった．

実際，木材輸入に対する企業の姿勢は，当初は前向きといえるものでは必ずしもなかった．対策の決定に先立ち，例えば1961年７月28日に，農林事務次官が当時の８つの主要商社を招いて，輸入の拡大に向けて協力を要請している．のちに，この会合に出席した輸入商社の関係者のひとりは，この協力要請とその後，木材輸入が拡大していく過程について，次のように振り返っている．

> あの時分は麦が統制されていて輸入割当てをしていたんですが，木材を多く入れたものには麦の割当を許すなんていったものだから，東京食品といった木材を全然やったことのない商社までが，麦の割当てに影響したら大変だと，競って外材を入れ始めた．とくに米材なんか一度に前年の４倍に増えちゃったんですよ［大日本山林会『戦後林政史』編纂委員会編 2000：471］．

当時の政策当局が，木材を取り扱った経験の有無などに構うことなく，自らと業界とのあいだのチャンネルをフルに活用しながら輸入拡大を主導していこうとする差し迫った様子が伝わってくる．こうした政策当局の働きかけがきっかけとなり，また60年から61年にかけての価格上昇によって木材輸入が採算のとれる事業であることも次第に明らかになっていくなかで，木材輸入量も増えていくことになった[5)]．

このようにして新たな対策が輸入商社の具体的な動きにもつながっていくなかで，1961年11月には，早くも経済企画庁が，木材価格が１年９カ月ぶりに下落したことを発表し，木材価格の高騰はいったん沈静化していく．

その後，これらの木材輸入を担った商社が中心になって日本木材輸入協会が設立され，1964年7月には木材問屋による日本米材協会連合会，製材側の日本米材製材協議会と米材需給の連絡協議機関として「日本米材輸入協議会」が設立される．この「日本米材輸入協議会」は，輸入丸太の規格や検量方法の統一に取り組んだほか，木材業界の代表として，1967年から68年にかけて開催された，日米木材貿易会議にオブザーバーとして参加していくことになる．そうした団体間での相互関係が形づくられていくなかで，個別のローカルな木材業界とはまったく異なる新たな業界（フィールド）として外材業界が確立していくことになった．このようにして政策当局自らが先導するかたちで主要な商社を動員しつつ，さらにそこから立ち上がっていった新たな供給網に対する政策的な支援は拡大され，外材市場は，木材供給の安定を図るうえで欠くことのできない市場となっていったのである．

(3)　変革主体としての森林行政

さて，こうして外材の供給拡大には目途が立ったものの，国内からの木材供給は，林野庁が意図した通りには伸びなかった．とくに1960年以降は増伐減税をはじめ，一連の対策を打ち出したにもかかわらず，500万m^3程度の供給量で横ばいの状態が続き，いよいよその批判の矛先が木材市場にも向けられるようになる．

例えば，1960年代半ばに林野庁が編集した報告書は，「現段階の木材市場」について，①供給のタイムラグと硬直性，②供給単位の零細性，③形質や規格の多様性という，「近代商品として致命的欠陥を持っている」と指摘している［農林省林野庁調査課編 1963：70］．供給拡大をめざすうえで，単に供給量が小規模であるばかりか，供給量や品質にバラつきがあり，また製品の規格化も立ち遅れていることが，ここでは明確に批判されているのである．

事実，「挽けば売れる」とか，「木と名がつけば売れる」とまで言われていたその頃の木材取引では，とりわけ首都圏を中心に，木材価格の高騰に乗じて「不良品」がごく当たり前のように流通する事態となっていた．なかでも典型的なのが，実際に注文を受けた製品に対して，厚さや幅，寸法が届いていない製品を供給する「歩切れ」の横行である．荻大陸による次の指摘は，「外材輸入前夜」としているが，この時代の木材供給の実態をよく表している．

> 例えば，断面の一辺が10.5cmあるべき柱（10.5cm角）が10.0cmしかないのは，寸法が0.5cm足りないのだから，その分“空気”を売っているということになる．日本の製材品の大半はグリーン材（無乾燥材）であるから，乾燥する過程で収縮し「歩切れ」（量目不足）になるものが出てくる．いまなお歩切れ製品が珍しくないのも当然である．
> ところが，外材輸入前夜の時代は，その程度の歩切れとは次元が違っていた．100m^{3}の丸太を購入して製材し，それを150m^{3}の製材品として販売する．すなわち製材歩留まり率100％以上という極端なものが横行した．製材した製材品の材積が仕入れた丸太の材積を上回るなど，常識ではありえない．しかし，それが実際に行われたのであって，林材業界はまさに「空気でメシを食っている」状況だった［荻 2009：32］．

この時期，木材価格が高騰を続けるなかで，製材業のあいだでは，各々が生産拡大に向けた投資を行って規格品を大量供給する体制を整えるのではなく，むしろ逆に各地で零細な業者が乱立する事態となっていた．このような事態の発生とそれがもたらしていくことになった帰結については第４章で詳しく触れていくが，不揃いで，また乾燥も不十分な木材でも取引が易々と成立していたこうした状況は[6]，製材の経験が浅い人びとの新たな参入のハードルを下げていくことにもなった．

とくに，こうして新たに参入してきた零細な業者のあいだでは，既存の製材業者から木材問屋から余りの部材を譲り受けるかたちで木材を調達するような業者が少なくなく，全体的な業者の増加が既存の市場が取引量を大きく増やしたり，あるいはその外側に新たに市場を構築したりする動きにうまくつながっていかなかった．先の政策当局の指摘は，こうした状況が木材の安定的な供給を妨げている状況を的確に把握したものだといえる.

そして，その後の政策は，このような木材市場の変革を差し迫った課題として政策の中心的な目標に据えていくことになる．すなわち，林野庁を中心とする政策当局は，ローカルな木材市場の内部から供給の安定的確保をめぐる新たな展開が生まれるのを待つことなく，増大する木材需要に見合った木材の生産・供給のパターンの構築を自らの使命として政策を構想し，木材業界に対する働きかけを強めていくことになるのである.

とりわけ，そうした変革に対する強い意志が具体的なかたちで表面化していくのが，政策の実施の局面である．それは，罰則をともなうような強制力を備えた介入ではなかったものの，経済活動に直接介入することを試みるものであっただけに，森林所有者とのあいだでさまざまな葛藤や摩擦を引き起こしていくことにもなった．以下では，先に触れた造林と，外材市場の形成をめぐる政策の展開をとりあげて，高度経済成長期の木材の生産・供給に対する政策の特質を検討し，それによって成立した木材供給の体制について考察したい.

3　木材供給の安定的確保

(1)　森林の改良

①指導者としての森林行政

「均質な木材を大規模かつ途絶えることなく供給する」という政策目標は，「針葉樹を中心に据えた短伐期施業の推進」というかたちで育林の場に持ち込まれた．ただ単に植生を転換するだけでなく，森林経営の基礎となる育林の体系化にまで踏み込んで変革を求めた点にこの時期の森林政策の特徴がある．そして，この構想を着実に実施していくために活用されたのが，「指導・普及」をめぐる制度形成だった．そこには，全国各地に普及指導員を配置して，この普及指導員を介して，林野庁が提供する補助事業や施業技術に関する情報を森林所有者へ伝達し，供給規模の安定，あるいは拡大に向けた施業の変革を推し進める意図があった.

森林経営に対する国の指導は，1949年の林野庁の正式な発足とともに創設された指導部が，それまで試験・研究の成果を広く農山村地域に普及させる意図をもって着手した「林業技術普及事業」によって本格的に制度化された．これによって各都道府県に配置されたのが林業技術普及員である．当初から普及事業は「森林生産性の増加」と「森林所有者の収益の増加」を目的としてはいたが，発足当初は伐採の増大による資源の枯渇という事態を目前にして，その取り組みは,「植伐の均衡」や「造林時に荒廃地の造林計画の強化を図ること」,「林地と林木の撫育と保護に考慮を払うこと」など，森林の維持に重点が置かれていた．1953年には,「農山村に科学を導入する」「農山村民に役立つ教育をする」「青少年活動を育成する」「農山村民の生活を向上する」「試験研究機関と常に一体である」などのスローガンのもと，「民有林経営を改良してその私経済の向上」を図る観点から「林業改良普及事業」に名称が改められたが，森林経営の計画化，木材生産の拡大の指導者として普及事業が具体化され実施に移されていくのは，1962年に「林業普及指導事業推進要項」が発表されて以降のことであった.

この「林業普及指導事業推進要項」には，① 森林所有者階層別の林業経営指導を行うこと，② 普及重点地区を設定すること，③ 林業専門技術員を県庁の係に集中配置することと，地区主任林業改良指導員は，森林基本計画を立案した基本計画区に１人配置すること，というかたちで，森林所有者に対する指導体制が制度として明記されている．それとともに普及事業の内容も，

① 経営意識の向上，経営改良，林業技術・知識の普及
② 森林計画に沿う方向での指導

というように，これによって「普及指導員」の役割が，森林の状態の維持だけでなく，人工林経営の確立に向けた指導というかたちで明確化された［半田編 1990：160]．この方針は，1964年に制定される「林業基本法」のもとで実施さ

れた「林業構造改善事業」によって，木材産業全体へと拡充され，政策の意図，メニューを伝達し，具体化していく普及指導員の活動範囲をさらに広げていくことになる．

②指導と「言葉」

森林所有者との関係でいうと，指導員の役割は，所有者と政策当局とのあいだに立って，政策に関する情報を提供し，所有者を取りまとめていくことが基本だった．所有者に対する指導の内容は，植林する樹種だけでなく，植栽の密度から間伐の年数とその本数，枝打ちの年数，回数，伐期に至るまで，長期に及ぶ森林経営の根幹にかかわる判断を揺さぶるもので，またこれらについて所有者を集めて定期的に勉強会を開いたり，補助制度や法律の変更を解説するパンフレットを作成して配布するなど，そのきめ細かさが際立っていた．それは，外部から森林経営のパターンを明示することで，森林の蓄積を計画的に拡大するとともに，それまで，市場とのかかわり合いのなかで形づくられてきた育林のパターンそれ自体を，市場とはいったん切り離して，森林経営を供給の拡大に積極的に動員していくことをめざすものだったといえる．

しかし，こうした政策当局，そして普及指導員たちの意気込みは，森林所有者のあいだで必ずしも無条件に感謝されるケースばかりではなかった．とりわけ，植林する樹種や伐採の時期をはじめとするその時々の経営判断を制約するような介入については，むしろ育林の現場では戸惑いをもって受け入れられたり，葛藤を引き起こしたりするケースも少なくなかったようである．実際，普及指導員が発する耳慣れない用語に対しては，とくにそれまで長く森林経営に従事してきた経験をもつ森林所有者のあいだで疑問や反発を抱くことも少なくなかった．いくつか，当事者の声に耳を傾けてみよう．

> 四十年で伐りなさいという国の指導で，標準伐期齢というのは四十年と決められて，それを十五年オーバーするようなものは過齢林として扱われま

した．そういうものは五年間のうちに伐らないと，施業計画を認めないという姿勢だったのです．それは伐り惜しみだ，そんなことをすると外貨がないのに外国から木を買わないと国民の需要に応えられないじゃないか，と．当時は木材をまだ自給するんだという気概もあったし，逆に言えば日本は貧乏で外国から自由に木が買えない時代でしたから，指導は今日とはまったく違っていたわけです［長谷川・和田・村田 1996：95］．

それにしても戦後の再造林，拡大造林熱はすさまじかった．とくに石油輸入で薪炭需要が減少してからは雑木山を低質広葉樹林と蔑視し，林種転換，人工林率競争に走って，官も民も拡大造林の大合唱となった［榛村 2007：777-778］．

「過齢」や「低質」という言い回しからは，あたかも森林経営が，技術的に未熟で，指導が必要な存在であったかのように見えるが，これはただ単に木材の生産と供給を効率的かつ全国的に増大させるという政策の意図を反映したもので，実際の森林の質とは無関係に人為的に生み出された言葉に過ぎない[7]．ちなみに「標準伐期齢」は，樹種ごと，あるいは地域ごとに定められる「標準的な伐期」のことで，伐採時期を定めたものではない．スギの場合，都道府県ごとにおおむね35～45年程度に設定されているが，実際には地理的条件や，保有資源の構成に合わせて独自に長期間の育林期間を設定してきた所有者も少なくなく，結果的に伐採の拡大を促すというかたちで，本来の用法とはまったく異なる意味合いで受け止められることになった[8]．

重要なのは，このような森林所有者から見れば無意味としか感じられないこうした言葉によって森林が類型的に把握され，その類型が，例えば行政当局が施業計画を認めるか否か，というかたちで育林の将来を左右するほどの影響力を持ったという点である．あらゆる森林をスギやヒノキをはじめとする針葉樹で統一的に造林を実施し，それを決められた年数で伐採し，用材の供給を確保する．こうした「言葉」のもつ機能や影響力からも，戦後の森林行政が，新たな育林のパターンを全国に展開することを，供給能力の強化と同義に捉えて政策を構想してきたことを読みとることができる．

1960年代以降，各地で指導員が拡充され，80年代には全国で2000人を超える普及指導員が配置されるまでになる．政策当局の政策が森林所有者のあいだで広く受け入れられていった背景には，木材価格の高騰や手厚い補助金といった要因も去ることながら，こうした政策当局の森林所有者の相互関係が明確化され，指導を通して計画の進行を絶えずチェックできるようになったことも少なからずかかわっているように思われる．政策当局と森林所有者との接触やそこから生起する相互関係に着目すれば，普及指導員と森林所有者とのあいだを行き交う「標準」や「低質」や「過齢」といった言葉が，政策当局の意図したものではいにせよ，森林所有者の選択や判断の「基準」として機能していく様子に，この時期の森林行政の特徴を見出すことができる．

(2)　外材市場の創出

①市場を計画によって創り出す

ただ，既存の木材市場からの木材供給が伸び悩むなか，こうした造林に対する介入が，実際に用材の供給拡大という成果に結びつくのは，どれだけ予算を投じ，また指導を強化したとしても，植林された苗木が伐期に達してからのことで，供給の不足分は，外材で補わざるを得ない状況だった．そして，この外材の輸入についても，造林と同様に「60年代以降いわば新しいものとして」始まっていくことになる［安藤 1992：iv］．木材需要が増大を続けるなか，放っておいても生起しない市場を，政策当局自らが主導するかたちで，計画的に創出することをめざすようになっていくのである．

「木材価格安定緊急対策」で示された輸入拡大の計画を具体化していくために，木材輸入を担当する通産省を中心とする政策当局がまず着手したのは，全国各地に木材港を整備し，港湾施設の貯木能力の限界を取り払う作業だった．1962年2月に閣議決定された港湾整備5カ年計画の中で，1966年までの5年間でおよそ90億円を投じて，木材船が停泊可能な港湾や航路防波堤，木材の仕分けを行う整理場，木材貯木施設などを新たに整備する方針が示され，その後，1972年まで4次にわたって計画が策定され，予算が投じられていくことになる．これによって，東京，大阪，名古屋，清水といった従来からの木材港のインフラが大幅に拡充され，さらに全国各地に分散するかたちで，大型船が接岸可能な大規模な木材港が新たに整備された[9]．

こうした大規模な木材港の出現は，外材を専門に加工する外材製材業者を各地に生み出していくことになった．そこには，以前から小規模ながら都市部で外材の製材を営んできた業者のほかに，森林所有者と日常的に接しながら製材を営む業者が進出するケースも数多く見られた．とくに後者は，それまで周囲の林業や施工業とのあいだで形成した売買のネットワークと強く結びついて取引の機会を得ていた業者であり，また多くがその地域の「優良企業」だったとされる［村嶌 2001：12][10]．外材市場が形成されていくプロセスは，こうして地域の有力な製材業者をローカルな社会過程から切り離し，新たな市場に組み込んでいくプロセスでもあった．周囲からの原木の入荷が伸びない状況が続くなか，こうしてより大規模な事業展開をめざす製材業者を新たに取り込むかたちで木材供給を再編していくプロセスが見られたのも，60年代以降の外材市場の形成過程に見出すことができる特徴である．

とはいえ，こうした製材業者も多くは零細で，大量に入荷する外材を取り扱うだけの処理能力をもつ設備も，また工場が立地する土地も自力で確保することは困難だった．それだけに，外材製材への進出は冒険的な選択となる[11]．そして，そうした選択を後押ししたのもまた，政策当局による支援だった．地方自治体の事業として，港湾に隣接するかたちで大規模に木材工業団地を造成して，団地に進出する製材業者に払い下げる一方で，個別の工場の設備の調達については政策金融の拡充を図って，設備の大規模化・合理化を促進する措置がとられた[12]．

そうした支援のもとで，1963年に433工場だった外材製材工場は，1967年には1144工場に達した．また，こうした工場では木材の加工・処理のオートメーション化，高速化が進み，1971年の段階で，外材製材工場だけで，国内で消費される原木の15％以上の加工を担うまでに成長していくことになる．

外材市場の成立は，木材港の整備から新たな市場に進出する企業へのバックアップに至るまで，こうして政策当局による手厚い支援に引き寄せられた人びとによって担われた．それまで外材にかかわったことのない商社や製材業者は，こうした働きかけに後押しされるかたちで市場に率先して参入し，結果，1960年の段階で約750万m^{3}だった木材の輸入量は，1973年には7500万m^{3}を超え，それにともなって木材自給率も，1970年代はじめには30％程度まで低下するに至る（図3－1）．

ただ，外材市場は，こうしてローカルな文脈から隔てられるかたちで創出された「新しい市場」であるがゆえに，当初は市場に生じる過度な競争や，それ

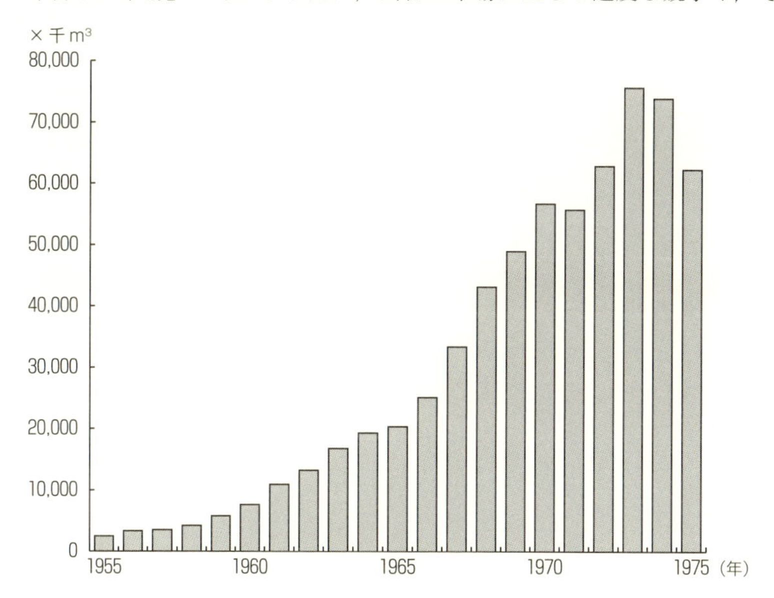

図3-1　外材供給量の推移 1955-1975 年

注1）ここでいう供給量は「用材」の供給量を指している．
2）数値は，巻末付表2「供給元」の「国外」の欄を参照．
出所）『林業白書』各年度版をもとに筆者が作成．

にともなう摩擦や不平をうまく解消していくのに必要な経験やノウハウを欠いていた．そしてそのことが，次に述べるようなかたちで取引上のトラブルを相次いで生じさせていくことにもなって，外材独自の「業界」が形づくられていくきっかけにもなった．

②ローカルな文脈から切り離された市場の様相

木材港の整備の進展は，数多くの商社を木材輸入に招き寄せた．1970年の段階で木材の輸入実績をもつ商社は200社近くにのぼり，木材輸入は商社にとって「花形部門」に成長していた［村嶌 1978：73-77；北田 1976：59-61］．

こうした相次ぐ商社の木材輸入への参入は，競争を加速させることになった．そうした商社間の競争の典型が，木材輸送船の大型化をめぐる競争である．とくに各地で港湾施設が整備・拡充され，大量の木材を一度に荷揚げすることが可能になると，それまで一回の積荷を複数の港に降ろすことを余儀なくされていた輸入商社は，新たに建造した大型船を使って「一港積み一港降ろしの体制」を組んで，供給量の拡大と同時に供給体制の効率化を図っていった[13]．

しかし，こうした商社による木材輸入は，当初から決して順調に拡大していったわけではなかったようである．輸入が自由化されたというものの，1960年代の後半までの輸入木材の業界では，大手総合商社による輸入といえども取引で大きな損失を繰り返し出していたという［吉田 2007：558］．それまで外国産材の取引の経験など，まったくない業者の集まりだっただけに，輸入港の整備が進み，地方での輸入が始まっても，商社といえども港に荷揚げした木材を誰に売ったらいいのかわからないという状況で，取引をめぐるトラブルも絶えなかったとされる．さまざまな支援を受けながら，新たな商機を捉えて人びとが集まってきたものの，そこには，きわめて不確実性が高い市場が広がっていたのである．

しかし，こうした生起して間もない市場が直面する不安定な状況も，取引を繰り返す中で，個別に発達したネットワークの内部で自律的な解決が図られていくようになる．

この時期に現れたそうした解決パターンのひとつが，不況時における輸入商社による在庫期間の調整である．例えば，通常は船から木材を降ろした時点で木材問屋や，あるいは製材業者とのあいだで取引の成立が図られているものを不況下では，貯木場で1カ月程度，商社が在庫として木材を保管するといったことが慣習として発達していくことになったのである．これは，ローカルな木材市場で不況時に現れる木材流通量の調節と基本は同じもので，木材問屋や製材業者が在庫を抱えることによって生じる費用を商社がカバーする意味をもつと同時に，取引をいったん停止することで，供給過剰による大幅な値崩れを防ぐ方法ともなったといわれている［岡村編 1976：76］．さらに大手とされた輸入商社は，木材を荷揚げする港ごとに取引相手を1～2社に限定することで個々の取引関係を強化しつつ，木材問屋や製材業者の乱立に抑制をかけていった．

ただ，このようにして見出された市場の安定は，商社の資金力に依存するところが大きかっただけに，市場の拡大は，大規模に木材を取引する商社と，木材問屋・製材業者とのあいだで，後者が前者に依存する系列関係を発達させていくことにもなった．その結果，1970年代半ばには，小規模な輸入商社の淘汰が進み，米材とソ連材は輸入商社上位10社で総輸入量の70％を超える寡占状態となり，また木材輸入大手とされた12社のうち，10社を総合商社が占めるまで整理が進んだ[14]．外材市場は，こうして，木材の調達を担う総合商社を中心とする寡占市場を築くことで市場の安定が図られていくことになったのである．

4　新しい住宅市場の出現と輸入依存型の木材供給体制の成立 ——

(1)　新しい住宅市場と外材

高度経済成長期，木材供給を安定的に確保していくために，政策当局はローカルな木材市場のあり方を批判する一方で，こうして外材市場の創出に積極的に関与し，それによって海外から均質かつ長大な木材を大量に調達し，加工するための条件が整えられていった．迅速かつ安定的な外材の流通は，国産材と外国産材とのあいだの競争から自然発生的に立ち上がったというよりもむしろ，そうした直接的ともいえる政策介入によってはじめて可能になったといえる．そこに商社や木材問屋，製材業者を組み込んで，新たな市場が生起していくことになった．そして，この輸入依存型の木材供給体制が成立していく背後では，実際に製材業者が製材品を供給する住宅業界でも，外材の利用に特化した新たな供給網を整備する動きが生じていたことも見逃せない．

輸入依存型の木材供給体制の成立は，高度経済成長期を中心とする住宅需要の急激な伸びと密接にかかわっている．

1960年代から70年代にかけて，大都市圏を中心に住宅開発が進み，木造住宅に対する需要が急増した．1965年の段階で約65万戸にまで成長した木造住宅の着工戸数は，70年には100万戸を突破し，73年には112万戸を記録する．これだけ需要が急激に増大すると，当然のことながら施工業者は，短い期間で効率的に工事を手がけようとするから，供給側には，均質，かつ規格化された製品を大量かつ迅速に供給する能力が求められるようになる．そして，そうした新たな要求に応えていったのが外材製材業者であり，そこに従来型の木材供給とは隔てられるかたちで，大都市圏を中心に新たな住宅用木材市場が成立していくことになった．

この新しい市場では，施工業者と１棟ごとに，あるいは部材ごとに製材品を取引する，といったそれまでの住宅施工でしばしばみられた取引のパターンは見られなくなる．そこではむしろ，小規模な施工業者を束ねながら年に数万棟単位で施工を受注する住宅会社とのあいだで大口の契約を結んで，それぞれの現場に木材を供給するパターンが定着していく．外材製材業者は，まさにこうした大口の需要に迅速に応えようとするときに，従来のローカルな木材供給にはない強みを発揮し，外材独自の売買のネットワークを発達させていくことになる．

実際，こうした供給のパターンが新たに確立されていくなかで，外材製材業者のあいだでは，大口需要者である住宅会社とのあいだで製材品を1万m^3規模で直売する契約を結ぶ業者が現れる．また，輸入商社のなかには，輸入から製材，そして住宅会社への納品まで，自ら新しい木材販売網を組織したり，また直営工場を構えて，自らが展開する不動産事業で買い上げた土地に製材品を供給していくなど[15)]，住宅市場も含めて，外材独自の供給網を強化していく動きも顕在化してきた［岡村編 1976：103］．

これらの動きは，従来の地域の木材売買のネットワークに完全に取って替わるほどの影響力はなかったものの，こうして新たな住宅市場が組織されていく過程で，1960年代後半までは2800万m^3程度だった国内の森林からの木材供給は，1973年には2000万m^3を割り込むなど，外材供給の急激な拡大とは反対に，供給量を大きく減らしていくことになった．大規模に木材を供給しようにも原木の供給能力に限界があり，また零細な製材業者が乱立する状況が続いていた国内の木材業界は，規格品を用いた効率的な住宅建築が主流になる中で，施工業者から敬遠され，次第に競争力を失っていったのである[16)]．その一方で，外材を引き入れる動きは，沿岸部の外材工場だけでなく，山間地域に立地しつつ規格材の供給拡大を目指すようになった製材業者のあいだにも広がりをみせ，こうした工場も合わせると，すべての製材工場の過半数が外材を原料として用いるようにまでなっていった[17)]．

(2)　木材供給の安定的確保と進む市場の分化

ここまで，戦後，木材需要が急増していくなかでの木材供給の安定的確保をめざした政策の展開と，そこから生起した木材の生産と供給をめぐる新たなパターンについて，政策と業界，市場との相互作用に焦点を据えて振り返ってきた．その特徴は，木材需要に見合った木材の生産・供給のパターンを林野庁や通産省をはじめとする政策当局自らが提示し，急激な需要の増大に見合った木材の生産と供給のパターンを自力で生み出していく動きがみられなかった木材業界を，政策的な助成を駆使して新たに組織しようと試みてきた点に見出すことができる.

しかし，結局のところ，そうして手探りで介入を繰り返すなかから新たに生起していくことになったのは，「外材体制」ともいうべき，極端に外国産材に依存した安定供給の確保だった．木材需要が急増していく1960年代初めの段階で，日本の森林地域は，森林資源量にしても，また業界構造にしても，需要に見合う供給能力という意味では明らかに限界を抱えていた．こうした状況を背景にして，ローカルな社会過程とは隔絶しつつ生み出された外材市場は，当初からそうした限界を打ち破ることを意図して形づくられた市場であった．こうして，供給能力の有限性とは無関係に木材資源を確保し迅速に供給しうるという新たな現実を住宅業界も巻き込みながら人為的に創り出したという意味で，外材市場は「擬制」を具現化していく市場であった．そして，木材の生産と供給をとりまくローカルな社会過程からの「脱埋め込み」によって供給能力の有限性から解き放たれた新たな木材供給体制の成立が，1980年代以降に生じる木材市場の転換過程を大きく規定していくことになる.

とりわけ，昨今の「ローカル・マーケットの危機」とのかかわりで注目されるのは，この高度経済成長期の新たな市場創出のプロセスが，一方で市場のあいだに築かれた境界を強固にしていくプロセスでもあったということである．新たな木材の生産・供給体制をめぐる構想が示され，政策当局と業界とのあいだで新たに相互作用が立ち上がっていくなかで，ローカルな木材市場と外材市場とは，基本的に異業種として組織され，またそれぞれの業界に属する人びとにとってもそのように理解されるようになっていった．国産材は林野庁，外国産材は通産省という政策領域の分断もさることながら，相互にフィールドを共有せず，木材という同じ商品を扱う世界に属する一員という一体感もそこからは見えてこない．単一の市場で人びとが競い合うというよりもむしろ，市場の境界を新たに設けるかたちで競合を回避しつつ，それぞれの需要に対応していくことで取引の機会を維持していくようになったというのが，この時期の木材市場の実態であった.

では，外国産材が木材流通を席巻していく動きに対して，国内の木材市場では，具体的にどのような動きが生じていたのだろうか．次の章では，こうして外材市場が拡大を続けるなかで発生した新たな木材需要とその育林への影響について紹介しながら，この時期に生じた市場の分化の様相ついて，改めて考察したい．

注

1）「用材」は，建築，家具，あるいは工事現場用など，製材して利用される木材を指す．一般に，単に木材という場合は薪炭材も含むが，本書で木材という場合は，とくに断りがない限り，この「用材」のことを指す．

2）戦後の森林行政は，戦中まで森林行政を担当してきた「農林省山林局」が，1947年に御料林と内務省管轄の北海道国有林が農林省に移管とともに農林省の外局に昇格して「林野局」となり（これを「林政統一」という），さらに「林野局」は1949年６月に「林野庁」と改称され，今日に至っている．

3）1971年には，再造林は原則として補助対象から除外されることになる．

4）昭和36年，37年の２年間に限って，山林の増伐分に対応する山林所得税を半分に軽減した措置のことを指す．

5）このプロセスについては，赤井英夫による次のような指摘を参照している．「（昭和）35年までの木材価格水準のもとでは，需要の多い一般用途向けの外材輸入は，採算的であるとは考えられていなかった．したがって当時は，採算可能な特殊用途向けの木材だけが輸入されていたわけである．だが木材需要がさらに増大し，35年から36年にかけて木材価格が大幅に上昇したため，一般の輸入もまた採算的になった．こういった需給のひっ迫と価格の上昇が，この時期の外材輸入の増大を可能にしたもっとも基本的な原因である」[赤井 1980：71-72]．

6）こうした国産材の品質の不安定さには，戦後の木材の輸送方式の転換がかかわっているという指摘もある．すなわち，トラック輸送が本格化する戦後まで，木材の輸送はどこでも人力による運搬と河川の流送を組み合わせて行われていた．運搬を人力に依存していたために，木材は山で伐倒するとしばらく放置され，水分を抜きとって，あらかじめ軽量化してから運搬作業に入っていた．それが木材の乾燥の役割を果たし，さらに山を下った木材は，製材工場の土場でさらに半年ほど寝かされた後，製材されるという工程になっていた．しかし，トラック輸送が本格化すると，山での乾燥の必要がなくなって，「昼前に買い求めた丸太を午後には水しぶきを上げながら挽いて，翌日には問屋なり小売店の流通業者へ製材品を積んだトラックを走らせる．また流通業者にしてもそれを一週間にしろ（ママ）製材倉庫へ在庫しておいたらひび割れしたりひん曲ってしまうから，傷が出ないうちになるべく早く建築現場へ届ける」といった極端なケースも出てきて[小野田編 1991：13]，乾燥が行き届いていない木材が広く出回るようになっていった．

7）明治期の発足以来，日本の森林行政は，林学研究に基づく難解な造語を現実の施業に適用することを，国有林を中心に繰り返してきた．西尾隆は，明治30年代の国有林の施業案編成規定について次のように述べる．「『仏教用語，医学用語と並んで，林学用語は日本三大難語のひとつ』との指摘さえあるように，施業案編成規定中には，例えば林班，小班，作業種としての皆伐喬林・前更喬林・択伐喬林・矮林・中林の各作業，あるいは輪伐期・回帰年・更新期・法正面積・法正齢級，さらに林木形数・枝篠百分率・実積係数，材積収穫の各表などのごとく，一般人にはイメージすら浮かべることのできない用語が溢れている．尤もこの難解さ故にこそ，むしろ特別な森林経営の理想像が鼓舞され，親和性が生み出されたというべきかも知れない．そしてこうした用語で構成される林学の理論には『新興宗教的の迷信があまりに多く，とくに造林学者はこれを強要する傾向がある』と，林学者自身が語っている」[西尾 1988：132].

8）「標準伐期齢」は，樹種別および地域別に平均成長量が最大になる年齢を基準とし，森林の公益的機能と既往の平均伐採例を勘案して決めることになっている．なお，「標準伐期齢」は，スギ35～45年，ヒノキ40～50年，マツ35～45年，トドマツ50年，カラマツ30～40年となっていて，今日まで，森林経営の指針として存続している．

9）第1次計画では東京，大阪，名古屋，清水の四大木材港の拡充を中心に22港を整備し，第2次計画になると，新産業都市や工業整備特別地域などの「拠点開発」の対象になった小松島，新潟，和歌山，岸和田などの42港が計画に取り入れられた [村嶌 1986：105]．1967年の時点で，約2100万m^3まで貯木能力は拡張されたが，これは当時の輸入量からみて収容能力以上の木材が荷卸ししていることを意味しており，一連の施策も，滞船が慢性化する状況を完全に解消するまでには至っていなかった．

10）これについては，村嶌由直による次のような指摘を参照している．「重要なことは，工場団地の形成においてそこに進出した企業は，多くがこれまで国産材を取り扱っていた優良企業だったということである．山元工場を閉鎖，あるいは縮小し，臨海部の団地に進出した．そして，この外材工場の発展を支援したのが中小企業政策・近代化政策であった．しかし一方，優良企業が退出した山元では空洞化を免れず，国産材の担い手は弱体化し，生産の縮小が加速する結果になった．このことは80年代以降の国産材を見直そうとする際に，空洞化した山元にその担い手を求めることが極めて困難という状況を生み出したのである」[村嶌 2001：12].

11）この外材製材への進出という選択については，製材業者自身が次のように振り返っていることは，興味深い．「資金調達はいつも大変だったが，その時はそれまでとは桁が違っていた．『できものと製材は大きくなったらつぶれる』という常識が業界には根付いていた．多くの取引先が半信半疑，うまくいくとは殆どの人が思わなかったようだ．なんとか金融機関の了解も得て，常識を超えた規模の実現にまい進していった」[堀川 2015：85].

12）例えば「最大の米材産地・清水のばあい，65年に完成を見ているが，所要資金8億1550万円のうち，高度化資金が17.5％，政府系金融機関からの融資が50.8％に達し，残り3割が自己資金である」[村嶌 1986：106].

13）これについては『住友林業社史』に書かれている内容が参考になる．「昭和38年度になるとわが国では米材運搬のための専用船建造ブームが起こった．第1号は安宅産業のイースタンサクラ号であった．当社もこのころ既に隆洋丸，春明丸，アジア丸等の木材専用船を張り付けてはいたが，これらの船は，がんらい，石炭などを積む荷物船を，長尺の米材丸太に合わせてハッチを広げ，船腹の仕切り壁を外したりしたものであったが，木材の積み下ろしには，必ずしも十分なものではなかった．そこで当社も急きょ新しく専用船を建造することになり，昭和39年，……（中略）……朝光丸を建造，運航を開始した．この新造船の就航は，運賃コストの占める割合の高い米材輸入のコストダウンに大きく貢献した．その後も各商社は，競って，さらに改良された新造船を採用，昭和40年代に入り外材の輸入量がさらに増えてくると，有力商社は，これらの専用船で一港積み一港降ろしの体制（ワンワンベース）を組み，従来，日米間の往復荷は，通常60日くらいを要していた日数も，40日くらいに短縮された.」(『住友林業社史』117ページ).

14）ここでいう大手12社とは，安拓産業，丸紅，三菱商事，日商岩井，日綿実業，伊藤忠商事，トーメン，三井物産，新旭川，兼松江商，住友林業を指す．このうちいわゆる「総合商社」にあたらないのは，新旭川と住友林業のみである．

15）例えば住友林業は，まず1962年に「スミリン土地株式会社」を設立して不動産の売買に乗り出し，続いて1964年3月に，「スミリン合板工業株式会社」を，同年9月には，「スミリン木材工業株式会社」を既存の直営工場を独立させるかたちで設立している．「スミリン土地株式会社」は，1965年に，阪急電鉄武庫之荘駅近くの918坪の土地を購入し，それを造成して宅地分譲を行い，その後，住宅事業の本格進出を果たしている．

16）林業関係者のあいだでしばしば聞かれる「外材に負けた」という言葉は，基本的にこの規格品で供給力を伸ばせずに，住宅業界における規格品需要の高まりも相俟って，次第に淘汰されていく様子を指している．1974年の統計を参照すると，外材のみ製材する工場の素材入荷量が1911万1000m^{3}に対して工場の数は3331で，一工場あたり，約5737m^{3}の木材を取り扱っているのに比べ，国産材のみの工場は，素材入荷量1131万4000m^{3}に対して，7617の工場があり，一工場あたりの入荷量は約1485m^{3}と，外材専門の製材工場とは約4倍の開きがあり，供給力の差は歴然としていた［北田 1976：82-84］．ちなみに，規格品を量産するために外材を買い入れて国産材と合わせて加工する製材業者も，この頃各地に広がったが，同じく1974年の段階で全国に1万3052工場，それに対して入荷量が2602万2000m^{3}で，一工場あたり約1994m^{3}となり，規模の拡大にはつながっていない実態を読み取ることができる．

17）例えば島川･北尾［1970］は，奈良県桜井市での木材市場の動向から，「大口原木入手」を目指すこの頃の製材業者のあいだで，「原木市からの供給だけでは原木不足」となっていたことから，外材を積極的に引き入れる動きが生じていたことを指摘している［島川・北尾 1970：134］．

第4章 「質の林業」という選択

1 新たな市場創出の機運

(1) 木材不足

戦後の木材需要の急増，そしてその中で生じた木材価格の上昇は，各地の木材業界に混沌とした状況を生みだしていた．1946年の段階で，全国で2万ほどだった製材工場数は，翌年には3万を超え，1949年には4万に達する勢いで増加した．木材価格が高騰するなか，小口の取引でも利益を出すことが容易になったとはいえ，1954年の段階でも，「円鋸1本」で製材を行うような簡素な工場が約半数を占めていたといわれる［村嶌 1986：23］．その後，より規模が大きい新設工場の登場によって整理，淘汰が各地で進んでいくが，1960年の段階でも約2万4000の工場が稼働している状態だった．

しかし，こうして新たに経営を立ち上げた小規模な製材工場の多くは，既存の木材売買のネットワークに包摂されるかたちで木材を調達できたわけではなかった．とくにすでに人工林経営が確立された林業地では，地域内の木材は戦前からすでに供給先が固まっていることも多く，木材を調達するといっても，そうした売買のネットワークから安定的に用材を確保している製材業者や木材問屋から不要になった素材を譲り受けるかたちで調達することも少なくなかったとされる．こうした原木の入手難，獲得競争の激化にどう取り組んでいくかが，とりわけ小規模な製材工場にとって大きな課題となっていた．

他方，現状の木材取引に対する不平は，製材業者に木材を供給していた伐出業者のあいだでも広く聞かれていた．この時期はまだ，森林から木材を伐出するのにあたって，木材問屋や製材業者が自己資金をもたない伐出業者に資金（仕込み金）を貸し出し，木材を販売した後，金利を加えて回収するといった取引が各地に存在していたとされる［松島 1993：16-17］．これは事実上，伐出業者を製材業者の系列下に置くことを意味していた．そして，こうした伐出業者にとって，木材価格の上昇は，系列関係から抜け出し，独立して経営を開始するまたとない好機として受け止められていた．しかし，こうした業者もまた，確保した木材を販売する経路を欠いていた．

この時期の木材需要の不安定な動きは，こうして新たな販路を探る人びとによる行動を活発化させていく機会となった．ただしそれは，例えば占有集団の交替といった徹底したかたちで進んだわけでは必ずしもなく，既存の市場は残しつつ，木材需要が急増する中で，新たな市場パターンがその外側に自然発生的に生み出されていくことになる[1]．そして，この新たな市場パターンは，外材市場の拡大下で「優良材市場」として独自の展開を遂げ，製材業者から木材問屋，さらには森林所有者まで，多くの人びとの関心を引きつけ，その選択に影響を与えていくことになるのである．

(2) 原木市の成立と拡大

ここでいう「新たな市場パターン」は，原木や製品の市売市場（以下では「原木市」ないしは「市」と呼ぶ）[2]のことを指す．

「原木市」は，市場会社が原木の集荷，仕分けと販売，さらに代金の決済，荷主への手数料請求といった代金の精算に関わる手続きを行う「市」である．木材の市売の起源は，17世紀初頭の大阪にまでさかのぼるといわれるが，これが全国的に発達していくのは戦後になってからのことで，1951年頃からだとされる［松本 1966：5］．当初は，大量の木材需要が生じてくるなかで，原木を安定的に確保して製材することをめざした製材業者や木材問屋が中心になって会社を組織して市を開設する動きが中心だった．しかしその後，そうした製材業者や木材業者の動きに対抗するかたちで，伐り出した木材の買い手を求める伐出業者と原木の調達に苦慮していた小規模製材業者との橋渡しを担う新たな市場として原木の市売市場を開設する動きが各地で相次ぐ［村嶌 1966：12］．

1954年の段階で，全国で176カ所だった原木市の数は，60年代には400を超え，68年の段階で463もの市が組織されるに至っている．それにともなって，市の木材の取扱量も急増し，1954年の時点で，全国で約148万m^3だった原木の取扱量は，1962年には592万m^3，1968年には751万m^3に達した．

従来からの木材取引にしてみれば，もともと「市」は，自ら製材した木材の余りを販売したり，あるいは不足分を補ったりする補完的な市場でしかなかった．しかしそれはやがて，単に既存の取引経路を通さない抜け道的な売買の場としてだけでなく，大量の需要が発生している木材を安定的に入手できる場として，また取引量が少量であっても，売り手と買い手双方が納得のいく価格で取引できる場として，不可欠な役割を担っていくことになる．

林野庁もこうした原木市をめぐる新たな動きを察知して，林業構造改善事業[3)]などを通して，森林組合を経由するかたちで貯木場の整備・拡張をはじめ，「市」の開設や規模拡大を支援していくようになる．木材供給の安定的確保を目指す林野庁にとって，こうした「市」は，それまでの少量で品質もばらばら，かつ分散的に供給される木材を，一定の規格のもとに仕分けて集積し，均一規格の木材としてまとめて供給する「木材流通の近代化」の担い手になりえると考えられたからである．

だが，高度経済成長期以降の原木市は，このような寸法も色合いも不揃いな木材の仕分け，とりまとめという役割を果たしつつも，木材供給の拡大という林野庁にとって最も根本的な目的を達成する担い手となることはなく，また先の章で紹介した育林に対する林野庁による指導ともかなり異なるかたちで森林所有者の選択を規定していくようになる．本章では，このような原木市を中心にした新たな市場パターンの出現を手がかりとして，輸入依存型の木材供給体制のもとでの森林所有者の選択について振り返っていきたい．

2 広域市場の形成

(1) 予期せぬ展開

木材の動きを見ると，この時期の原木市は，いくつかの点で設立にかかわった地元の製材業者や，あるいは森林所有者がまったく予期していなかった展開をみせるようになる．

第一に，「市」が，地域外からの木材を積極的に扱い始めたことである．「市」は，木材の集荷圏が急速に拡大し，そうして流域を超えた広い範囲からより多くの木材を集荷することで品揃えの充実を図るようになっていった．それは，市場の「広域化」，あるいは「広域市場の形成」を意味する．

第二に，そうして集荷範囲が広域化するにつれて，「市」が次第に地域の木材流通から切り離されていった点である．このことは，「市」が，地域外の木材を主力商品として取り扱う市場として形づくられていくようになったことを意味する．そのようななかから，地域の流通や地域の林業とは直接の結びつきをもたずに経営を展開する「市」に依存する工場が，各地に現れた．

そして第三に，それが求められた機能とは裏腹に，「市」が，供給の大規模化を支えるのではなく，むしろ零細な業者の発生や存続を支える方向に機能したという点である．「市」は，市場全体を供給拡大に向けて新たに組織化するのではなく，少量での取引を志向する「小工場を組織化するにとどまっ」ており［松本 1966：8］，木材供給の拡大どころか，「実態はむしろ細分化のほうに加担」していくことになったのである［笠原 1973：8］．

そもそも木材の安定的な確保をめぐる地域的な事情の解決を模索する過程で創り出された原木市が，市場としての発展を模索する過程で広域的な集荷を選択するようになったということ自体，矛盾を感じられる事態だが，こうして「市」が広域的な集荷を追求するなかで，零細工場の存続が図られるという事態は，いったいどのような変化に規定されたものだったのだろうか．また，そうした事態が，森林所有者の選択にどのように影響を与えていくことになったのだろうか．

(2) 「市」が引き寄せた新しい買い手

先にも述べた通り，原木市の主要な機能は，少量・分散的に供給されてくる木材の「仕分け」である．そして，集荷の範囲を広域化することは，「市」にとって，さまざまなニーズに応えられる品揃えの充実を図るとともに，それを直径や色合いに応じて細かく仕分けすることで，製材業者が不要な木材の仕入れを抑えることを可能にする．

そうした緻密な仕分けは，新たな木材の買い手を「市」に呼び込んでいくことにつながった．それは，この時期，「良質材」とか「優良材」と呼ばれるようになった製材品のもととなる原木を買い集める製材業者である．

1960年代も後半に入ると，長大かつ均質な製品を大量に供給する外材製材業者が，大量の規格材を求める大都市圏での住宅建設を中心に急速にシェアを伸ばしていた．規格化をはじめ，大口の需要に応える供給体制の整備が立ち遅れていた国産材は，次第に市場から敬遠されるようになって，原木市でもスギ，なかでもスギの並材[4)]を中心に，外材と直接競合する木材の需要が減退していた．そして，それに代わって製材業者のあいだで活発化したのが，ヒノキを買い求める動きだった．ヒノキから例えば節のない「無節」といった「役物」と呼ばれる製品の加工することに特化して，外材製材業との差別化を図る新たな経営パターンの確立が追求されるようになったのである．そして，この並材よりも役物用の原木を，役物用でもスギよりヒノキを探し求める買い手たちを引き寄せたのが原木市だった．先行する業者の成功を見て新規参入を図る製材業者も相次ぎ，ヒノキを中心に役物が採れる原木の価格が急騰していくことになった（図4-1）．

ヒノキは，その強度や香り，抗菌効果などの特性を数百年経っても失わない耐久性や保存性の高さで知られ，古くから神社仏閣にも重用されてきた．もともとスギとヒノキでは，ヒノキのほうがわずかながら高値で取引されてきたが，**図4－1**を見ても明らかなように，1960年代後半以降，ヒノキの価格が突出して上昇していくことになる．1960年の段階では，スギとの価格差は１割程度だったが，1980年にはスギのおよそ２倍の値段で取引されるようになっている．また，1960年と1980年の価格を比較してみると，スギは，約3.2倍となっているのに対して，ヒノキは，５倍を超える価格で取引されていることがわかる．

こうしたヒノキに製材業者が殺到する各地の原木市の動向を絶えず注視しながら，木材業者はヒノキ，なかでも役物を加工できるだけの質を備えたヒノキの調達のために，全国を駆け回るようになった[5]．木材の産地としても，地域外に出荷する木材は，それだけ輸送コストが増えるため，コスト負担に耐えうる単価の高い原木が選ばれるようになっていく．そうしてヒノキを中心に据えて

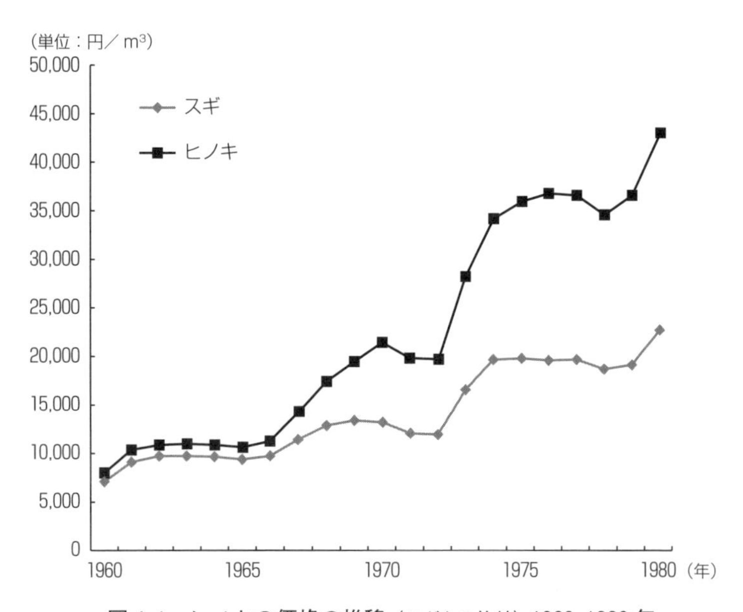

図4-1　ヒノキの価格の推移（スギとの比較）**1960-1980年**

注１）ここに示しているのは，「山元立木価格」の推移である．
　２）詳しい数値は巻末付表１を参照．
出所）『林業白書』各年度版より筆者が作成．

品揃えを充実させるとともに，仕分けを徹底させることが，より多くの有力な買い手を集めるために重要だと「市」では認識されるようになっていく．製材業者が欲しがる役物を安定的にとれる原木をどれだけ揃えられるかが，原木市の評価の分かれ目となり，また市に買い手が集まるかどうかの分かれ目となったのである．

こうした製材品の「見た目（化粧）」や「利幅」を重視して原木を選別する業者の広がりに対応した原木の確保を推し進めることで，原木市それ自体も，取扱量を拡大し，またビジネスとして軌道に乗っていく．その中心地となったのが名古屋や吉野をはじめとする東海・近畿地方の原木市で，例えば1961年の全国の原木取扱量，592万m^3のうち，314万m^3（約53％）をこの２つの地域の原木市で扱っていた．この時点で，奈良80万m^3，三重48万m^3，岐阜40万m^3と，３つの県の木材の集荷量が突出しており，とくに奈良県における取扱量は，70年代には100万m^3を超えるようになる．そして，こうした原木市を中心とする「優良材市場」の過熱が，やがて「国産材イコール高級住宅用材という固定観念」［安藤 1992：23］を生み，この時期の森林所有者の選択も大きく規定していくことになるのである．

3 森林所有者の新たな育林戦略
――「質の林業」の実践――

（1） 偶然の役物需要

このような優良材，あるいは「役物」という新たな木材需要の発生は，林業地域を大いに刺激した．その恩恵がまず広がったのは，ほかならぬヒノキを森林経営の中心に据えていた所有者たちである．しかしこれは，植林の当時から森林所有者が高い収益を見込んで，計画的にヒノキの植林を選択したわけではなくて，あくまで伐採時の偶発的に発生した需要に支えられたものだったことが，例えば，この時期に至る三重県の尾鷲林業の状況について述べた以下のような指摘からも見て取れる［笠原 1971：8-9］.

> ある造林地で，経営者は谷沿いにはすぎ，中腹から徐々にひのきを交えて，尾根近くはひのきのみとして，全体での混交割合を，すぎ，ひのき半々とするように指示したのに，人夫がどう聞き間違えたのか，下から上まで一面に混植してしまったのである.
>
> ……（中略）……
>
> そこで，“やむを得ず”中腹以下のすぎだけを抜きぎり，収穫したのであるが，当時のすぎひのきの材価の開きは二割程度であったから，その生長差を考えにいれると，中腹以下にひのきを植えたことは，経済的にも大きな損害であったはずである．しかし，皮肉なことには，その後，放置に近い形で残された山が，ひのきの純林に成林し，しかも，最近のひのきの高値にその収穫期が一致したがために，結果としては，“適地に適木”を植えた場合よりも，はるかに多くの収益を，経営にもたらしたのである.

これはかなり極端な事例だが，この時期のヒノキ価格の高騰が林業地にもたらした恩恵の大きさとその偶発性について，きわめて明確に物語る例示といえる[6)]．そして，こうした偶発的に生じた大きな利益が，原木市や，あるいはそれに連なる木材業者に対する森林所有者の関心を高めていった.

木材業者は，森林所有者が保有するこうした優良材に適合的な原木を，たとえ1回当たりの取引量が最小限――例えば1本だけ――であっても，全国規模で競って買い集めた．そして，こうしたヒノキを中心とする「優良材」の「原木市」での好調な売れ行きを目の当たりにした森林所有者のあいだで，育林を新たに組織化する動きが活発化していくようになる．それが，規格品の大量供給を中心に据えた外材市場の拡大への対抗策として生じた「質の林業」の実践であった.

(2) 育林の新たな組織化
――枝打ちブーム――

一般に,「役物」の原木は,通常よりも丁寧な施業を求められることが特徴である.

例えば,「無節材」の生産には,育林の過程で「死に節」が生じないように不要な枝を払う「枝打ち」をこまめに行う必要があるとされる.さらに長大で,かつまっすぐ伸びた木材を安定的に採り出すために,通常よりも高い密度で苗を植える「密植」や,その後,丁寧に間伐を繰り返しながら,より長い伐期を設定して木材を生産するケース(いわゆる,長伐期施業)も広く見られる.

これらは,従来広く行われていた「植えるだけ」,「下草を刈るだけ」の育林からの転換を意味した.しかしながら枝打ち・密植・長伐期はいずれも,新たな労働力の負担を必要とし,またそれだけ育林コストがかさむことにもなる.伐期を延長することは,それだけ植林してから育てた木材の販売によって収益を得るまでの期間が長くなるし,密植を施せばそれだけ苗のコストも負担しなければならない.それゆえ,優良材生産への特化は,それだけ投資が大掛かりになっていきやすい.にもかかわらず,この「優良材」の生産が新たな収益を生み出すことを知った森林所有者のあいだでは,「質の林業」という選択が,一種の流行になっていった.

実際,こうした選択が広がったのは林業地域だけではなかった.「質の林業」が,いわば最先端の経営モデルとなると,やがてそれがヒノキさえ十分に保有していれば安泰という「ヒノキ信仰」につながって,木材の売買の経験が乏しかった地域も巻き込んで全国に伝播していくことになった[7].例えば松島昇は,この時期,「銘柄材」として台頭した「東濃檜」の主産地となった岐阜県の旧加子母村で,林業改良普及員の熱心な指導に触発された森林所有者が結成した「林研クラブ」が1964年に開設した原木共販市での販売をきっかけに,「枝打ち」がブームとなって広がっていく様子を紹介している.

> 無節材が採れる原木があまりにも高価で売れることを知った林家のあいだには，やがて枝打ちブームが巻き起こる．……(中略)……「この木がホォー45万円（m³当り），ところがこっちが4万5000円．それじゃ高いこの木造らにゃならん」[松島 1979：163]

原木市の開設をきっかけとして，村では枝打ち講習会を開いたり，枝打ちをクラブのメンバーの共同作業で行う「手間無尽」も新たに組織されていく．

さらに松島によれば，近隣の村では，村内のスギが京都の磨き丸太業者に高値で売れたことが人びとのあいだで伝わると，ヒノキばかりではなく，今度はスギ苗の発注が急拡大する，といったことも起こったという［松島 1979：165］．ヒノキの無節材は長伐期施業に適合的とされるが，磨き丸太の生産は，20年から35年程度のより短い伐期を設定し密植と伐採を繰り返す．同じ優良材でも，育林の技術や知識，ルーティーンが異なるのだ．しかし，「優良材市場」が過熱していくなかで，こうして生態系や地形などの自然条件や，長期的な管理費用を十分に検討することもなく，ただ，市場での価格差を捉えて植林や伐採のパターンを安易に変更するケースが目立ってきた．

そして，このようにして各地で場当たり的としかいいようのないケースも含みながら優良材生産が活発化していく過程で，枝打ちや出荷の方法について，原木市で木材を販売する木材業者が直接指導に乗り出すという動きも生じてくる［荻 1988：63］[8)]．その結果とくに，出荷の方法については，森林所有者自ら供給する原木を選び寸法を揃えて提供する産地も現れた．

こうした「優良材」をめぐる人びとの選択からは，特定の産地にとらわれずに，広域的に集荷を行う原木市の動向と，それに連なる木材業者の働きかけが，良くも悪くも育林をめぐる当時の森林所有者の選択に作用していくことになっていった様子が伝わってくる．

(3) 外材市場からの自己防衛

「優良材市場」の出現は，結果的に森林経営が外材との競合を避け，その森林への影響を食い止めるうえで重要な役割を果たしていくことになった．すなわち，新たな育林のパターンの導入は，外材に量では負けても，従来の育林のパターンを見直して，優良材が流通する新たな市場へ参入を図りつつ収益を維持していこうという，森林所有者のいわば自己防衛的な戦略といえる．この時期の森林所有者のあいだでは，優良材という突如として出現した新たな木材需要に駆け込んで，当面の収益を維持していく一方で，とくに伝統的な林業地を中心にして，こうして「質の林業」へのシフトを図りながら，行政当局が指示する標準伐期齢に達しつつある木材についても伐採を控えて，自ら長伐期化を図る傾向も強まっていった.[9)]

この点については例えば，村嶌由直が，奈良県の吉野地方の森林所有者のあいだで，作業用の足場板として利用されるはずだった木材を，あえて手間をかけて優良材として出荷する戦略が生じていたことを指摘している．

> 山林地主のこのような伐り控えに対して山守は，育林過程に生枝打という伝統的な吉野林業から見れば「むだな入り用」をかけ，生枝打した間伐木からの磨丸太生産を増やすなど，以前に足場丸太に使用した間伐木の高級材としての利用を図っている．このため間伐木の選び方は,「劣等木を伐って，‘あし’をそろえる方法から，人工絞丸太向きの優良木を切る方法」に変わってきている［村嶌 1987：146］

優良材市場は，外国産材が入り込めない市場であり，そうして市場の境界が維持されることが，外材との競争にさらされた森林所有者に大きな経済的な恩恵をもたらしていた．しかし，外材市場とは隔てられていたといっても，優良材市場は，それまでのローカルな木材市場ともかなり性格を異にする市場でもあり，そのことが，森林所有者の育林に対する動機づけを変えていくことにもなったということを，ここでは注視したい．

まず，広域的に木材を集荷する原木市との取引は，木材の取引が単発的，あるいは一過的になりがちである．従来の木材売買が，局所的で，かつ継続的な取引関係を基礎にしていたのに対し，この時期の木材売買は，例えば突然訪問してきた木材業者と少量の木材を取引するようなパターンになりがちであった．仕分けが緻密に行われる原木市では，少量でも広範囲に木材を確保していくことが重視されるから，このような一過的な木材取引のパターンが各地に広がっていくことになったのである．

問題は，こうした一過的な取引の広がりが，森林所有者のあいだに，周囲の製材業者や木材問屋との長期的な取引関係から生じる相互関係に依拠して生産と供給を調整しながら森林の蓄積を維持していこうという動機づけを生みにくくなっていくことである．この頃，森林所有者が競って取り入れた新たな育林の方式は，一見すると，長期的な人工林経営を見据えた変更であるかように見える．しかし，それはあくまでも，偶発的に生じた新たな収益源を目の前にして，多くの森林所有者が高値で取引される木材の生産に合致した施業を組織化した結果に過ぎない．原木市の動向を軸にした優良材市場の拡大は，森林の蓄積に長期的な安定性をもたらしたというよりもむしろ，その場その場でより高値で売れる木材の情報を注視しながら，苗木を選択したり，あるいは短期的に育林のパターンの変更を繰り返すという，森林にとっては負荷の高い選択を生み出していくことになったのである．

とはいえ，このようにして優良材の生産に多くの森林所有者が殺到する中でも，この時期のヒノキの供給量は，国産材全体の中でも10%程度，外材も含めた用材全体の供給量では数%程度にとどまっており，市場が過熱しているといっても，市場そのものが大きく拡大していく様子は見られなかった．その意味で，広域市場の形成は，木材市場の全面的な再編ではなく，あくまで部分的な再編にとどまる[10)]．しかし，そうした一戸の住宅のなかでも多くは一角でしか利用されることのない狭い市場をめがけて，数多くの森林所有者が，育林の方式を変更するという，それ自体森林にとっては重い決断を下していくことになった．原木市を中心とする新たな市場は，一過的な取引を通して，短期的により多くの収益を確保することへと森林所有者の関心を向けさせたという点で，森林所有者に対して長期的に森林の蓄積を維持していくことを促す市場とは必ずしも言えなかったのである．

4 過熱する優良材市場と閉ざされたもうひとつの道

(1) 原木市の発達と「質の林業」

ここまで，外材市場拡大下の木材業界の対応として生じた「質の林業」の試みについて振り返ってきた．

この新しい林業の形態は，木材需要が増大していく中，各地で立ち上がった原木市の発達に依るところが大きかった．もともと原木市は，木材が不足する中，従来からある木材売買のネットワークを補完する新たな供給ルートとして発達し定着してきた．従来からある地域レベルの売買のネットワークにとらわれず，広域的に木材を集めることで，原木市は，木材の確保に苦労していた零細な製材業者と森林とを橋渡しする役割を果たしてきた．そして，「役物」という，1960年代半ばに新たに発生した需要に的確に対応していったのがこの原木市だった．

とくに戦後の原木市は，木材を広域的に集めること，そしてそれを1本単位から売買することを特徴としていた．各地の森林から選りすぐりの木材を買い集め，それを製材業者のニーズに合わせて細かく仕分けて，少量から木材をセリにかけて販売する．こうした機能を備えた原木市における取引の拡大が，役物の安定的な取引を可能にしてきた．

こうした広域的な木材市場の成立と拡大は，この時期の木材業界で起こった，いわゆる「銘柄材」の確立とも深くかかわっている．奈良の吉野杉，岐阜を中心とする東濃檜，京都・北山の磨丸太などが代表的である．これらの製品に共通していたのは，原木の確保を，その地域の森林に頼るのではなく，原木市の広域的な集荷に依存しつつ製品の供給を拡大してきたという点である．言い換えれば，特定の地域の名を冠してはいるが「特定の資源的後背地なしに形成され展開してきた」点に，それまでの木材にはない商品としての特徴があった［荻 1988：82］．だからこうした「優良材市場」では，例えば，東京の奥多摩で生長したヒノキであっても，吉野の市場で取引されれば吉野杉として販売され，それだけ森林所有者へのリターンも大きくなる，といったことが当たり前のように起こるようになる．

(2) 閉ざされたもうひとつの道

こうした製材業者の戦略に対しては，当時から「銘柄材の水増し」や「ニセモノの横行」といった批判がみられた．ただ，そうした真贋をめぐる論議よりもむしろ，ここで注目したいのは，この優良材の市場が，外材市場の影響を受けない市場として森林所有者のあいだに定着していくことは，そうした市場との関係を深めていくほど，育林が地域の林業の盛衰とのかかわりを失っていくことになることを意味していたという点である．

優良材の供給拡大を目指す製材業者が買い手となって集まってくる様子を捉えて，原木市は，集荷を広域化する道を選択していった．そうして広域的に木材を集荷し，それを緻密に仕分けることで，より多くの買い手が集まり，「市」にそれだけ多くの利益がもたらされると考えたからである．しかし，その努力は結局，原木市が，地域の市場とうまく結びついてまとまった量の木材を確保し，地域レベルで相互の利益を調整しあい，生産と供給の効率化や，あるいは品質の安定を図りながら供給の拡大を担っていくという選択肢を，事実上放棄することを意味してもいた．木材需要が増え続けるなかで，ローカルな市場を組み替えるかたちで森林所有者からの細切れ的な供給を取りまとめ，外材市場に対抗するかたちで規格品を中心に据えた市場を新たに組織するという選択肢もありえたはずだが，現実にはそうした動きが起こることなく，零細な製材業者が少量かつ高付加価値な商品を加工するのに適した市場に木材が集まっていくことになったのである.

そうして木材の「見た目(化粧)」を重視する市場が発達していくプロセスは,施工業者を国産材からさらに遠ざけていくプロセスでもあった.「見た目」での仕分けにこだわるあまり,森林所有者のあいだでは,供給の安定や効率化,木材の強度や狂いへの対応が,遅れをとることになったからだ.[11]「質の林業」の試みには,このように,住宅施工の現場でかえって国産材が敬遠される結果を招いていく一面もあったのである.

だが,それでもこうした優良材市場の過熱ぶりは,多くの森林所有者の関心を優良材生産に向かわせることになった.枝打ちをこまめに実施したり,「伐り控え」といわれる伐採までの期間を延長する動きはその典型である.銘柄材の取引を中心に据えた原木市の台頭は,市場の境界を外材に対してますます強固にした反面,市場をローカルな社会過程から切り離しつつ,優良材をめぐる単純な需給関係に育林のゆくえが規定されるという,複雑な状況を木材市場に生じさせることになったのである.各地で外材の取扱いが拡大する中,ローカルな木材売買のネットワークの外部に築かれた,しかもごく小規模な需要をめがけた市場の過熱は,先進的な林業として,規模の大小にかかわらず,こうして森林所有者の選択に少なからぬ影響を与えていくことになった.

広域市場における集荷のネットワークは,既存のローカルな木材売買のネットワークほど親密で,またそれだけ強固な関係性に依存しない.そのぶん,取引が定期的に繰り返されるケースは限定的で,一過的な取引にとどまりがちだった.それゆえ,過度に広域市場に依存することは,木材需要の増大に対応するかたちで,ローカルな市場を内側から変革していく機運を閉ざし,またその一方で,例えばヒノキという,木材需要全体から見ればごく小さなものでしかなかった需要に経営の将来を委ねることになった.優良材生産の強化は,そのような意味で,育林を長期的に維持していくうえでは,むしろ不確実性を高める選択だったといえる.[12]

(3) 輸入依存体制下における森林経営の安定

ここまで2つの章を通して，おおむね1970年代までの木材市場の展開を跡付けるとともに，その中で森林が置かれていた状況について明らかにしてきた．

木材需要が急激に拡大していくなかで，政策当局が，木材の生産・供給のパターンを組み替え，その拡大を図っていくことをめざしたのに対して，木材業界の側では，むしろ市場はより細分化されていく傾向に拍車がかかって，ごく小規模な市場が発見されてはそこに製材業者や森林所有者が殺到するという状況が続いた[13]．そうして，スギ，ヒノキを中心とする広大な針葉樹林が形成され，また育林の体系化，組織化が新たに進められていく動きが見られたものの，大規模な需要に適合的な供給網が全国的に整備されるには至らず，政策当局が目指した供給拡大は，結局多くの部分を外材が担っていくことになったのである．

こうした事態を指して，外材の輸入拡大が日本の林業の衰退の原因だと今でもしばしばいわれる．しかし，この時期の木材売買の動きから見えてくるのは，そうした外材輸入が拡大していく中でも，注意深く市場の動向を探り，従来のローカルな木材市場とは別個に，原木市を中心に付加価値の高い原木を供給する機会を確保しながら，育林を継続していく道筋を見出していく森林経営の姿である．それは，大量の木材を安定的かつ迅速に供給していく体制を整えることを目標とした国の指導とはまた必ずしも一致しない，あるいはまったく矛盾する道筋でもあったが，外材市場に対して，製材業者から木材業者，そして森林所有者まで，それぞれの規模は小規模であっても安定的にリターンを確保していくことを可能にする市場を探り続ける，自己防衛的な試みであった．量の外材に対して国産材は質で，というこの時期の林業に生じた新たな戦略は，このようにして森林所有者も含め，規模拡大が困難な山村地域の零細な事業の存続をめざすうえで，きわめて重要な意義を持つものとなった．

しかし，そうした試みも，その後長続きすることなく，森林所有者は新たな対応を迫られていくことになる．1980年代を境に，そうして外材市場とローカルな木材市場とを分け隔ててきた境界が次第に消失し，その過程で，ローカルな木材市場がその機能を失っていく一方，優良材の需要も急減し，木材価格の下落に歯止めがかからなくなっていくのである．この時期の森林所有者たちの思い切った投資は報われることなく，そうして市場の転換が進行していく過程で，育林から撤退する動きが急速に広がっていくことになる．

次章からは，1980年代以降に生じたこうした木材市場の転換と，それに対して森林所有者たちのあいだからいわば自然発生的に立ち上がっていくことになった市場創出の試みとしての「近くの山の木で家をつくる運動」の展開を跡付け，そのうえで現代日本の森林の危機の全体像に迫っていきたいと思う．

注

1）この「新たな木材需要」は，例えば次の赤井英夫による指摘から読み取ることができる．（昭和）「36年から40年までの4年間には，約2600万平米の建築着工面積の増加がみられたが，40年から43年までの3年間には，約5700万平米の建築着工面積が増大している．このような建築着工の激しい増大を反映して，40年から43年までの木材需要は，36年から40年までのそれと比べて，一層の増加を見たわけであるが，こういった需要のなかには，国産材でも外材でもどちらでもよい需要もあれば，ぜひとも国産材が欲しいという需要もあった．例えば『土台角にはヒノキを使いたい』とか，『柱にはヒノキの上小節がほしい』とか，『吉野杉を柱角に使いたい』といったようなものである」［赤井 1980：79］．

2）これ以降，本書では，「市場（しじょう）」と「市場（いちば）」を，それぞれ「市場」と「市」というかたちで分けて用いる．「市場」には個別のモノや情報，サービスの交換関係そのもの，あるいはその全体を指し，「市」には一定のルールのもとで組織され，そこに買い手が集まって競り合いながら財を取引する具体的な「場」という意味合いを含んでいる．単に「木材市場」といった場合には，こういった場所や時間に関わりなく生じる木材の取引のことを指して用いる．

3）「林業構造改善事業」は，1964年に施行された林業基本法を具体化しようとした事業で，同年から実施された第一次構造改善事業，1972年からの第二次林業構造改善事業，1980年からの新林業構造改善事業，1990年からの林業山村活性化林業構造改善事業，1996年からの経営基盤強化林業構造改善事業からなる．この事業は「林地保有の零細・分散性」，「生産基盤の未整備」，「資本整備の劣弱性」などを特徴とする「民有林の林業構造」を「改善」することにより，林業総生産の増大を図ることを基本目標として実施されてきた．「原木市」のなかには，その一環として，各地に新たな組合組織が設立され，整備が進められてきたものも少なくない．

4）木材のグレードは，おおむね色艶や節の有無を基準とした「目視等級区分」，と強度を基準とした「機械等級区分」の二本立てとされてきたが，この時期のグレードは，「目視」の段階で価格はほぼ決まり，節が目立つ二等，一等，特一等と呼ばれる並材は等級外とされ，安価で取引されるようになっていったとされる．

5）この「市」の立ち上げ後の集荷圏の拡大については，三重県尾鷲地方における新たな原木集荷体制に関する笠原六郎の次の紹介の中にその典型例を見出すことができる．「それ以前は，『尾鷲町内山林が大部分であり，その他九鬼村，上北山村の尾鷲寄りの尾根筋までを含むに過ぎなかった』尾鷲市内製材工場の集荷圏は，行動・林道の整備を背景として，直接には素材市場の開設によって急速に拡大し，その範囲は陸送によって和歌山県田辺市・奈良県十津川村あたりまでにおよび，海上輸送によって四国高知県・九州宮崎県・山陰防府市方面にまでおよぶにいたった」［笠原 1973：1-2］．

6）この頃の木材取引の様子について，同じ三重県尾鷲地方で1000ヘクタールを超える森林を経営する速水亨氏は次のように振り返っている．「節のないヒノキがブームになる前までは，節のありなしの価格の差はそれほどではなかった．節がないからといって2倍の差がつくことはめったになかったし，スギとヒノキの価格差でも1.2～1.3倍程度に過ぎなかったはずだ．ところが，節のないヒノキが注目されるようになると，ヒノキの値段がスギの2倍になり，節がなければさらに10倍の値段で売れた．父がきちんと管理していた速水林業の材は特に高い評価をいただき，最高値が付いた1980年頃，節だらけのヒノキの3メートル3.5寸角の柱が1立方メートル14万円．節がなければ，当時の値段で140万円になったこともある」［速水 2012：43］．

7）例えば，後に「近くの山の木で家をつくる運動」の先駆けとなる徳島県の森林所有者たちのひとりは，この時期の新たな育林技術の導入について，次のように振り返っている．「学生の時から林業の研修に親父と一緒に参加して，全国の林業家をまわっていて，うちみたいに量でやる形態でない林業をいろいろと見せてもらっていたから，林業に対してやりようがあるじゃないかと思っていた．親父みたいな林業でなくて，直接自らやる林業を目指して徳島に帰ったんです．自分が帰って……（中略）……，すぐに仕事士を愛媛県の久万林業……（略）……で研修させてもらって，枝打ちとはなんぞやというところを見せてもらって，ナタの研ぎ方を含めて勉強した．それから太い枝を作らないためには密植をということで，それで急きょ密植に変えたんだよね．もともと木頭林業の2000本植えを補助金もらうために3000本植えに変えて，それがまあ普通だったんだけど，それを4500本に増やしたんだよね．あの当時言われていたのが，ビール瓶の太さまでに枝を打ちなさい，そうすれば三五角の二方無地とか三方無地の柱が採れるじゃないかと．いくら外材に負けても，真壁の柱の需要はあるから日本の林業は大丈夫だ，そういうことだったんですよ」［丹呉・和田 1998：32-33］．

8）荻大陸によれば，ここでいう指導は，より具体的には，次のようなものであった．「大部分の山主は自己の所有する材木の商品価値についてよく知らないのが現実である．また一般に素材業者を含め，山元側では川下の知識情報に疎い．にもかかわらずほとんどの場合，そのような彼らが山を伐り造材を行っている．ところが原木の価値は造材によって決まるといえるほどである．いくら高価値を備えた材も，造材の仕方ひとつで低価値物になりかねない．材を活かすも殺すも造材次第なのである．したがって造材指導は買手のニーズを山元に反映させ，それによって買手の求める材の集荷を可能にすると同時に，出荷者には原木の有利販売をもたらすものであった」［荻 1988：63］．

9）こうした「伐り控え」の傾向は，端的に言って「標準伐期齢」を設定し，森林所有者を指導してきたこの時期の国の方針に反するものである．先に触れた「過齢林」という言葉は，こうした国が定めた「標準伐期」から逸脱する判断に対して用いられた言葉であった．

10）1965年の時点で製材工場の原木取得で，「原木市」への依存率が50％を超えていたのは奈良県（82％）と三重県（55％）のみで，全国的には「原木市」以外のルート，すなわち，地域レベルの局所的な木材売買のネットワークを基礎にした木材の取引も依然として健在だったことをうかがわせる．

11）この点については，前掲，第３章注６）も参照のこと．

12）このことは，のちに現実となって森林経営を圧迫する要因ともなっていく．これについては次章以降の木材市場の展開に少なからず影響を与えていく．

13）こうした「ごく小規模な市場」のひとつとして「突き板」を挙げることができる．突き板は，大径の木材から薄くスライスした板（0.2～0.6ミリ程度）を生産する技術で，合板の表面に貼り付けて用いられる．強度に関係なく，天然の木材の美しさを活かした見た目（化粧）の美しさで価格が左右されるため，木材のどこからカットするかで色合いや木目が大きく異なってくるとされる．１本の木材から板を大量生産することが可能で，そのぶん利益を生み出す可能性があるとされた．

第５章
木材市場の転換

1　人工林資源の成熟と林業の「新しい危機」

(1)　円高・輸出規制・グローバル化

1960年代の政策介入を経て，住宅用材の市場は，地域ごと，用途ごとに築かれた無数のローカル・マーケットの周囲に大きく外材市場，各地の「優良材」を核にした広域市場が立ち上がり，相互に境界を築いて，安定した売買のネットワークを形成しながら並存するようになった．森林所有者は，そうした市場の動向を注意深く観察し，外材の流通が拡大するなか，一過的な取引への依存を強めつつも，森林の蓄積を維持してきた．

しかし1980年代以降，とくに木材貿易をとりまく前提条件にそれまで経験したことのない大きな変化が生じたことをきっかけにして，森林の持続可能性は大きく揺さぶられることになる．

まず，為替市場で，80年代はじめに１ドル250円程度だった円相場が90年代はじめには120円を突破し，これによって外材の価格競争力が急激に増していくことになった．その結果，木材輸入は急激に増加し，80年代はじめに35％前後だった木材自給率も，90年代後半には20％を割り込むまで低下していく．

その一方で，この時期は，日本への木材の有力な輸出元だった北米や東南アジアを中心に，資源保護や自国産業の育成といった観点から木材の輸出規制を求める動きが強まった時期でもある．この問題は貿易交渉の場でもたびたび取り上げられ，そうした交渉の結果として広がっていくことになったのが，「製材品輸入」という新たな木材輸入のパターンである.[1] 81年の段階で400万m^3程度だった製材品の輸入量は，93年には1000万m^3を突破，95年には丸太輸入を上回る規模になる［堺編 2003：182-183］.[2]

さらに90年代後半になると，オーストリアやドイツ，フィンランド，スウェーデンといった，それまで日本への木材輸出では目立った実績がなかったヨーロッパ諸国からの製材品の輸入が活発化してくる．円高が進み，輸出規制の動きも強まるなか，よりねじれや曲がりのない木材を求めるようになった日本の住宅産業の新たなニーズも相俟って，木材業界は，地球規模でコストや供給能力，木材の特性に合わせて売買のネットワークを短期的に組み替えながら，用材，製材品を調達するようになっていく．そして，この時期の木材貿易や木材業界に生じた新たな動きが，やがて市場の転換というかたちで，これまで，日本の木材市場には見られなかったタイプの市場パターンを創り出し，外材市場と国産材の市場のあいだに築かれた境界を消失させながら，既存の木材市場に取って替わるかたちで市場を行き交う木材の動きを大きく変えていくことになる.

(2)　人工林資源の成熟

こうして木材市場の転換が進行していく1980年代から2000年代は，戦後，拡大造林政策を通して植林されたスギ・ヒノキを中心とする人工林資源が，いよいよ伐期を迎えていく時期にあたっている．多くの費用を投じて育ててきた木材をどのように販売し，次の育林につなげていくかを，森林所有者が考える時期に来ていたのである.

この時期に，木材の販路がどのようなかたちで切り開かれるかが，森林の将来を大きく規定するものだったということは，ここで強調しておく必要がある．1950年代後半以降，拡大造林政策のなかで，住宅を中心とした建設用材としての利用を念頭において集中的な植林を進めた結果，とくに針葉樹材は，20年生から30年生（４齢級～６齢級）に偏ったきわめていびつな構成となっていた（図

5-1）．そして，この時期に植林された木材を抱える多くの森林所有者が，これを，時間をかけてうまく市場に投入して，その収益をもとにして育林を継続することで，この保有資源の偏りを少しでも緩やかにしていくことを考えたはずである．そうすることで，森林からの「収穫」をより持続的なものにしていく可能性が確かなものになるからだ．

しかし現実には，80年代を境にして日本各地で「荒れるがまま」の森林が急速に広がり，こうした保有資源の偏りも，克服されることなく続いていくことになる．本書の冒頭でも振り返ったように，スギ，ヒノキを中心に，それまで上昇を続けてきた木材価格の下落に歯止めがかからなくなっていくなか，森林の管理放棄や再造林放棄といった森林の蓄積を損なう選択が，森林所有者たちのあいだで広く顕在化していくことになった．それまで森林所有者へのリターンを生み出してきた市場は，こうして人工林が成熟しつつあった80年代を境にして，危機への対応力を急速に失っていくことになるのである．

木材貿易の前提条件が変化していくなかで，木材市場はなぜこのような事態

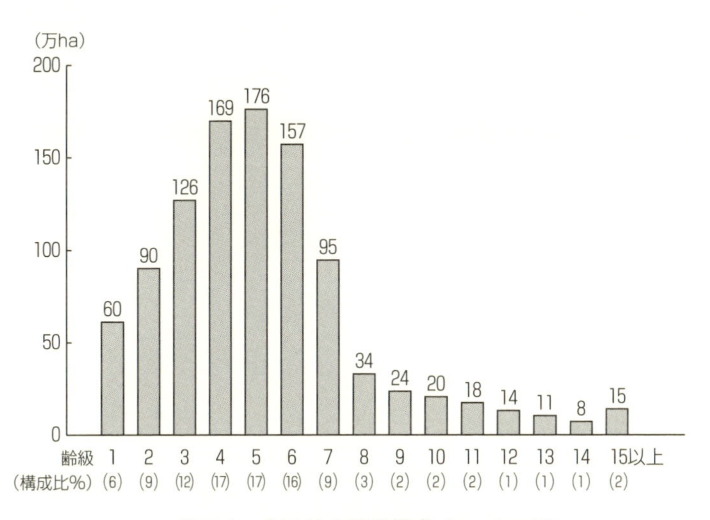

図5-1　人工林の齢級構成（1986年3月）

出所）『昭和61年度林業白書』p.40より．

に陥って行くことになったのだろうか．市場の転換は，この時期に生じた木材をめぐる価格競争の激化とどのようにかかわっているのだろうか．この章では，この木材市場に起こった転換について，これまで振り返ってきた戦後の木材市場をとりまく歴史過程のなかに位置づけながら詳しく検討するとともに，森林の危機とのあいだの因果関係について考察したいと思う．

木材市場の転換を考察するにあたって，まずはその契機となった80年代はじめの住宅用木材市場に生じた新たな様相を追ってみよう．

2 ローカル・マーケットの危機

(1) 製材業者の原木価格引き下げ要求

木材貿易をとりまく前提条件が変化したことの影響が，真っ先に現れたのが製材業界だった．それまでおよそ30年間，ほぼ一貫して上昇を続けてきた木材や製材品の価格が急速に下降していくなかで，製材業者のあいだでは，住宅用材の加工を断念して，定期的な需要を見込める建設現場用の足場板の生産に重点を移す工場が現れる一方，廃業を選択する業者が急増した．長期化する木材不況は，零細な製材業者や木材業者だけでなく，大手と呼ばれていた業者の経営も圧迫しはじめ，「倒産旋風」とまで呼ばれた．

それまでに経験したことのない木材不況は，従来，不況時であっても，長期的にリターンをうまく確保していくために協調して対応してきた製材業者と森林所有者との関係にも亀裂を生んでいくことになる．製材業者のあいだで，原木価格の引き下げを求める動きが広がったのである．

例えば，後に触れていく徳島県の森林所有者は，この時期が「転機」だったと振り返ったうえで，森林所有者と製材業者のあいだの関係に生じた変化について，次のように語っている．

それまでは，うちも製材屋さんと相対で「こうやってくれないか」と頑張っていたんだけど，そのやりとりの中で林業家にとって製材屋さんが本当のお客さんじゃないということがわかってくるわけですよ．製材屋さんと駆け引きしながらいろいろやっていても，打破できなくなった．だって製材した製品が売れないのに，丸太を高く買ってくれ，といったって駄目な話だから［和田・丹呉 1998：36］．

それまで，局所的な取引から生じた互酬的な義務関係を基礎にして，不況に対して歩調を合わせるかたちで供給を調整してきたローカルな木材売買のネットワークにこうして亀裂が生じ，それ以降，林業は原木の買いたたきを甘受せざるを得なくなっていく．実際，図5－2を見れば明らかなように，80年代以降の価格の下落は，製材品の価格よりも原木価格のほうが大きくなっている．そこに見出すことができるのは，激しさを増す価格競争のしわ寄せを森林所有者に押し付けるかのようにして生き残りを図っていった製材業者や木材業者の姿である[3]．

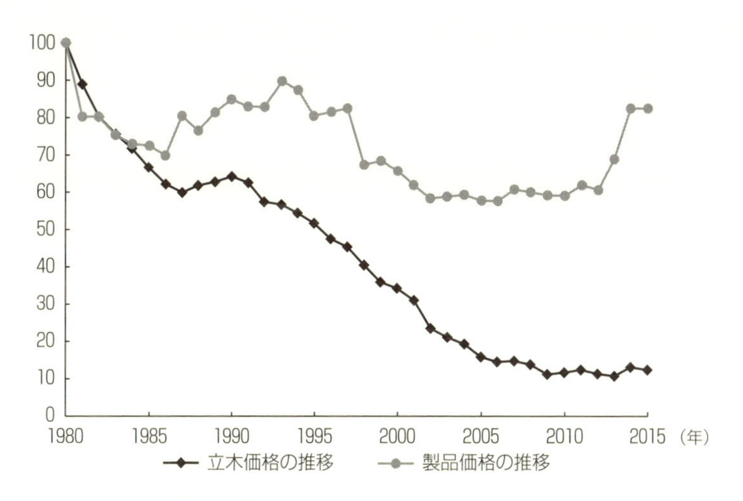

図5-2　製材品価格と立木価格の推移（1980年を100とした場合）

注1）「立木価格」は，「スギ山元立木価格」を指す．
　2）「製品価格」は，「スギ正角」を指す．
出所）『林業白書』，および『森林・林業白書』各年度版をもとにして筆者が作成．

問題は，この時期の木材不況において，なぜこのような事態，すなわち「ローカル・マーケットの危機」が生じたのかということである．

製材業界の混迷の背景については，円高の影響や住宅需要の減退を重視する見解が一般的であった．とくに住宅需要については，70年代前半までは，150万戸近くの水準を維持してきた住宅建設戸数が，80年には約127万戸，81年には約115万戸にまで減少し，産業全体が低迷基調に入っていた．しかし，さまざまな外部からのインパクトを受けつつも，それまで大きく揺らぐことがなかった林業と製材業・施工業とを結ぶローカルな木材売買のネットワークに亀裂が生じていくことになったという事実もふまえると，そうした為替相場の変動や用材需要の減退も去ることながら，製材品輸入という新たな木材供給のパターンの広がりとの結びつきが，こうした混迷の背景として浮かび上がってくる．

(2) 危機の変質

製材品輸入の本格化は，木材市場にとって，輸入品目の追加以上の意味をもつ．1980年代以前の木材輸入の基本は丸太であった．輸入される木材が丸太である限り，荷揚げされた木材は，まず製材工場に運び込まれる．それゆえに不況時の製材業者の供給の調整は健在で，このことが，市場が過度な価格競争に陥ることを抑え，木材需要が減退する時期も供給の調整で乗り越えながら，木材輸入が本格化していくなかでも森林所有者へ安定したリターンを生み出し続ける支えとなってきた．

しかし，木材輸入の主流が，丸太輸入から製材品輸入へと切り替わりはじめると，海外の工場で製材された製材品が，国内の製材工場を介さず間断なく輸入されるようになって，こうした調整が各地で機能しなくなっていく．こうして限られた業者間で供給を調節しあうことで取引上の不確実性を軽減することが困難になっていくなかで，ローカルな木材売買のネットワークの内側でも，先に見たように製材業者が林業に対して原木価格の引き下げを求めざるを得なくなっていった．

こうして国産材，外材を問わず，日本の木材業界で広く行われていた木材流通量の調節が機能しなくなったことは，森林経営にとってひとつの重要な転換点となったと考えられる．製材業者が海外から供給される製材品とのあいだでの価格競争を強いられていくなかで，それまでのように，森林資源を蓄積しながら不況が過ぎ去るのを待つという危機への対処法が通用しなくなったからだ．森林所有者にとってそれは，危機の変質だったといえる．製材業者との取引に亀裂が生じ，ローカルな木材売買のネットワークが絶えず生み出してきた「森林の危機への対応力」がその内側から失われていくなかで，日本の森林経営は，グローバルな木材流通の内部に組み込まれ，価格競争に無防備にさらされていくことになったのである．

だが，その後の木材売買の動向から見てとることができるのは，こうして分断されていったローカルな木材売買のネットワークを修復しながら価格競争からの脱却を図るのではなく，むしろこうした状況を捉えてその解体，再編を進め，新しいタイプの市場へ転換を図る動きが広がっていく様子である．そして，この木材市場における占有集団（incumbents group）の交替をともなう市場の転換のプロセスを主導したのが，新たに木材市場に登場した製材・加工業者であり，また政策当局によるローカルな木材売買のネットワークに対する批判的な介入であった．

以下では，このように激しい価格競争が正当化されるかたちで進められていった市場の転換の過程について，木材業界，政策当局，それぞれの対応を振り返りながら新たに創出された市場の特質を整理したうえで，その育林へのインパクトについて考察したい．

3　木材市場の転換

(1)　新しい木材供給のパターンの出現

「危機の変質」以後，製材業者のあいだでは大型の加工機械を新たに導入して，製材コストを下げて危機に対処しようとする業者が台頭してくる.当初それは,従来の製材方式をそのまま大規模化,効率化するかたちで進められていたが,とくに1990年代後半以降,住宅用木材市場における新しいタイプの木材の買い手の出現を契機として,新たな木材売買のネットワークが形成され,そのことが次第に製材業者や森林所有者の選択を規定するようになる.

90年代の,住宅施工の現場では,プレカットと呼ばれる,従来大工が手作業で行ってきた木材の刻みの工程を機械で代替する技術によって加工された製品が急速にシェアを伸ばしていた.かねてからの大工不足に加えて,工賃や工期の圧縮による住宅施工の合理化を追求する住宅メーカーの要請を背景にして1980年代半ばに登場したプレカットは,当初「手作業を機械作業に置き換えた程度のシンプルなものだった」〔赤堀 2010:21〕が,その後CADを駆使した全自動タイプが主流となるなど,加工・処理能力も急速に向上が図られ,1カ月に数百棟分の住宅用材を加工する工場も現れた.それにともなって1990年代はじめの段階では10%程度だったプレカット加工された製品を用いた木造住宅は,90年代の終わりには5割を超え,今日では新築木造住宅の約9割に用いられるまでなっていった(図5-3).

このプレカット加工は,加工が精密になるほど,また機械を止めずに加工しようとするほど,欠点の少ない製材品を大量に求めるようになる.従来は,多くの場合大工が,それぞれの木材のクセや,反りや曲がり,割れといった住宅の施工後に生じる狂いを計算に入れて製材品を加工していたが,プレカット加工が台頭するなかで,そうしたクセや狂いをあらかじめ除去した製材品を求める動きが急速に広がる一方で,乾燥の水準や,寸法が不安定な製材品は,次第に敬遠されることになった.

そして,このような新たな製材品の買い手の登場に対して,品質が安定した木材を大量に供給するというかたちで的確に対応したのが,集成材加工業者だった.

集成材は,丸太を一度板状に加工して人工乾燥し,木材のクセを除去した挽き板（ラミナ）に加工して，集成・接着した用材で，あらかじめ乾燥した材料を用いるため，欠点が少なく，また寸法を自在に調節できるため，製品の規格

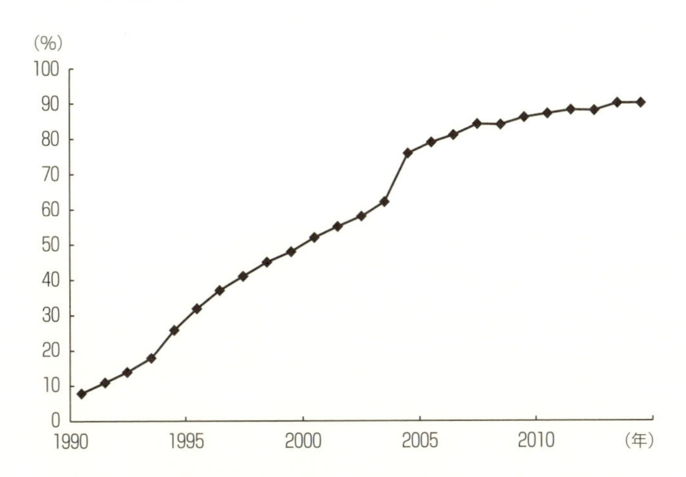

図5-3　1990年代以降の木造住宅におけるプレカット材のシェア

注）詳細は巻末付表３を参照.
出所）『林業白書』『森林・林業白書』各年度版より筆者作成.

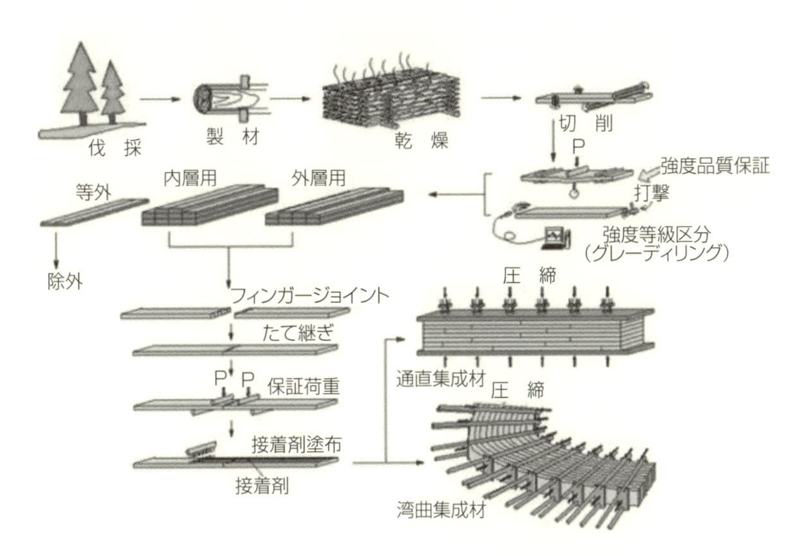

図5-4　構造用集成材の製造工程

出所）林［2003：98］より.

化や均質な製品の大量生産が容易である（図5－4）．もともと集成材は，電柱の腕木に用いられていたほか，1960年代以降は家具や造作用を中心に生産量を増やしてきたが，1987年の建築基準法改正で，「木造建築の耐火性を高める技術」として建築用の構造材として利用が認可され，流通し始めた．当初は，学校や体育館など，巨大な木造建築への利用が主な目的だった構造用集成材だが，1990年代以降，住宅への利用が急速に拡がっていった[4)]．

構造用集成材は，当初原料，製品とも北欧を中心とするヨーロッパ諸国からの輸入に多くを依存しており，ヨーロッパからラミナを輸入して集成材に加工したり，またプレカット業者が直接製材品を輸入するケースがほとんどであった．それは，製材品輸入が広がる中で切り開かれた新しいタイプの外材市場だったといえる．しかし，住宅用材として集成材が定着していく一方で，日本市場の品質に対する厳格さや，価格変動の激しさなどを背景に日本への輸出を手控える動きも輸出元で広がった．それにともなって，輸出元がたびたび切り替えられる一方，成熟が進む国内の人工林資源が次第に注目を集めるようになり，国産材の新たな供給先として，大規模な集成材工場の建設が活発化していくようになる．

(2)　住宅施工の制度転換

しかしそもそもなぜ，1990年代以降の製材業界においてプレカット加工が急激にシェアを拡大し，また構造用集成材を中心とする新たな木材供給のパターンが広がっていくことになったのだろうか．これについて知るうえでは，木材貿易をめぐる前提条件の変更だけではなく，阪神・淡路大震災以後，1990年代後半からの住宅施工をめぐる制度転換について触れておく必要がある．

とりわけ住宅用材の市場でプレカット業者が市場で存在感を増し，また多くのプレカット業者が，それまでのマーケットからの木材ではなく，集成材の調達を選択するようになっていったのは，2000年に「住宅品質確保促進法（以下，「品確法」と呼ぶ）」が施行されたことが大きく影響している．

「品確法」は，耐震性能の確保や，欠陥，偽装といったトラブルの発生を未然に防ぐ観点から，住宅の品質の確保を図ることをめざして制定された法律である．木造住宅との関連で重要なのは，この法律によってはじめて「性能保証制度」が設けられ，これによって新築住宅の引渡しから10年間は住宅の構造部分に不具合が生じた場合，施工業者が責任を負わなければならなくなった点である．そして，こうした住宅の性能の確保，表示に対する関心が住宅業界全体で高まる中で，木材業界にも強度性能が工学的に保証された木材の供給を求める動きが活発化する．ここでいう「強度性能が工学的に保証された木材」は，しばしば「エンジニアード・ウッド（Engineered Wood）」と呼ばれ［林 2003：63-64］[5)]，構造用集成材は，そうした「エンジニアード･ウッド」の代表格といえる．

こうした住宅施工をめぐる制度転換を契機として，住宅メーカーの製材業者に対する要求はいっそう厳格になり，より均質で，かつ木材の性能が明確な製材品の供給が求められるようになっていった．さらに，2009年には「住宅瑕疵担保履行法」が施工され，10年間の保証期間内に構造上の不具合が発生した場合，住宅メーカーが保証責任を果たせなくなることがないように，保険加入か保証金の供託を義務づけることになった．それは，建設戸数が多い住宅メーカーほど，多額の保証金が必要となることから，製材業者に対する木材の性能にかかわる要求は一段と厳格なものになっていくことになった．製材品輸入の本格化によって亀裂が生じていた1990年代のローカルな木材市場は，こうした住宅施工をめぐる制度変更がひとつのきっかけとなって，いよいよその大規模な再編が始まることになる．

(3)　市場の境界の消失

集成材生産からプレカットへという新たな流通が確立しつつあった1990年代後半以降，ローカルな木材売買のネットワークにもこうした業者が新たに入り込み，次第に影響力を発揮し始めるようになる．プレカットが全国に普及し始めた90年代はじめは，構造材として製材した木材に人工乾燥を施したKD材（Kiln

Dried Lumber）の生産がそうした動きの中心だったが，やがて集成材用のラミナ生産に転換を図り，それを集成材工場に直接供給する製材業者が各地に現れた．それまで製材工場といえば，1日に数十本から多くても数百本程度の処理能力で，まだ乾燥に対する意識も低かったとされる．しかしこの過程で，1日に1000本単位で木材を加工・処理する工場が出現し，またこうした工場に，日本各地から木材が次第に集中していくようになる［赤堀 2010：115-117］．

この新たな木材供給のパターンは，ふたつの意味で，それまでの木材市場にはない特徴を備えていたといえる（図5－5）．

第一に，こうした新たな木材市場が，ローカルな木材売買のネットワークを飛び越えるかたちで形成されていった点である．第1章でも述べたとおり，もともと既存の売買のネットワークの中で取引関係を結ぶ業者を飛ばして販路を組織することは，「抜け買い」として非難され，場合によっては市場から排除される可能性すらあった．しかし，新たな市場は，例えば「頭越し流通」［牛丸・西村・遠藤編 1996：37］と呼ばれるような，既存の流通を介することなく直接結

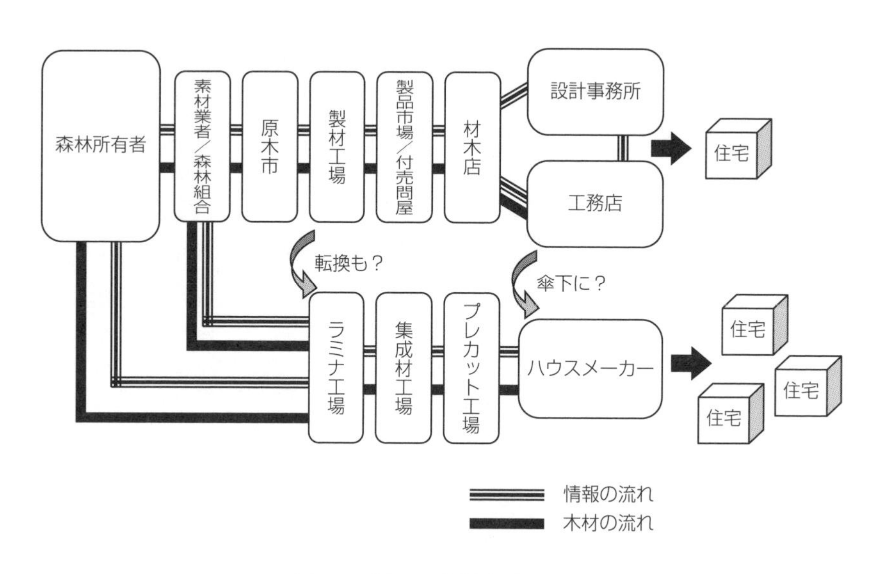

図5-5　新しい木材市場の出現

びついていく動きが活発化する中で形づくられていくことになった．このようにして新しい市場は，ローカル・マーケットの「頭越し」に形成され，年を追うごとに拡張されていった．

そして第二に，そうして新たな市場の創出を中心的に担ったのが，それまで外国産材を核に据えて加工を担ってきた集成材業者だったり，それに連なるプレカット業者だったという点である．用途こそさまざまだが，第３章で触れた通り，外材製材業者も，設立時点では多くが地域の木材を扱っていた業者であったことを考えると，この動きは「外材製材業者の国産材回帰」ということもできる．製材工場の規模拡大，設備の高性能化をめぐる競争は，製材業者にとってかつては「異業種」だった国産材の製材業と外材製材業が新たな結合を生み出していく過程でいっそう拍車がかかっていくことになった．

今日，集成材工場は，沿岸部を中心に各地に新たな工場を構え，そこに，外国産材，国産材のかかわりなくラミナやKD材を引き入れ，生産の拡大を図っている．とくに2000年以降は，集成材加工とプレカットをひとつの敷地内で行う工場が各地に建設される一方で，製材工場のあいだでは，製品出荷量が年間10万m^{3}を超え，原木だけで約30万m^{3}を消費するようなラミナ工場の建設も進んでいる．それにともなって製材設備の大規模化をめぐる競争は一段と活発化し，KD材やラミナを扱う工場のあいだでは，「１年前は６万m^{3}だった製材業者が今年には７万m^{3}を突破する見込み」とか，「柱１本あたり，それまで23秒かかっていたのが18～19秒に短縮されて，製造コストが３分の２程度まで抑えることができた」というように，効率化をめぐって競争が活発化していくことになった［遠藤 2005：92－112］．

構造用集成材の生産量は，住宅用の小断面，中断面と呼ばれる構造材を中心にして1990年代後半以降，急激に拡大を続け，1990年に約9000m^{3}に過ぎなかった小断面の集成材の生産量は，今日では60万m^{3}を超える水準で推移し，同じく1990年には約１万6000m^{3}に過ぎなかった中断面の集成材の生産量は，今日では，70万m^{3}を超える水準で推移している（図5－6）．そうして集成材工場を中心に据えた大規模製材業者のネットワークは，地域の木材の新たな供給先として定着し，『森林・林業白書』でも，毎年のようにこうした大規模な製材工場への木材供給の集約が進んでいることが指摘されている．

以上が，1990年代以降の住宅用木材市場に生じた市場の転換の過程の概要である．このプロセスからは，プレカット工場や集成材工場といった新しいタイプの製材・加工業者が加工設備の革新を競い合い，また新たな木材の獲得ルートの構築をめざす過程で，従来市場を隔ててきた境界が取り払われ，製材業者の伝統的な木材売買のネットワークからの脱埋め込みが加速度的に進行した結果，日本の森林がグローバル経済に絡めとられていった様子を見て取ることができる[6]．伝統的な木材市場が衰退していくなか，集成材を軸にした新たな市場がそれに取って替わっていく過程で，従来，林業との長期的な取引関係を支えてきた限られた業者間の親密な関係やしがらみといった非経済的要素は切り落とされ，価格や供給能力の面で厳格な要求に応じることのできない製材業者や

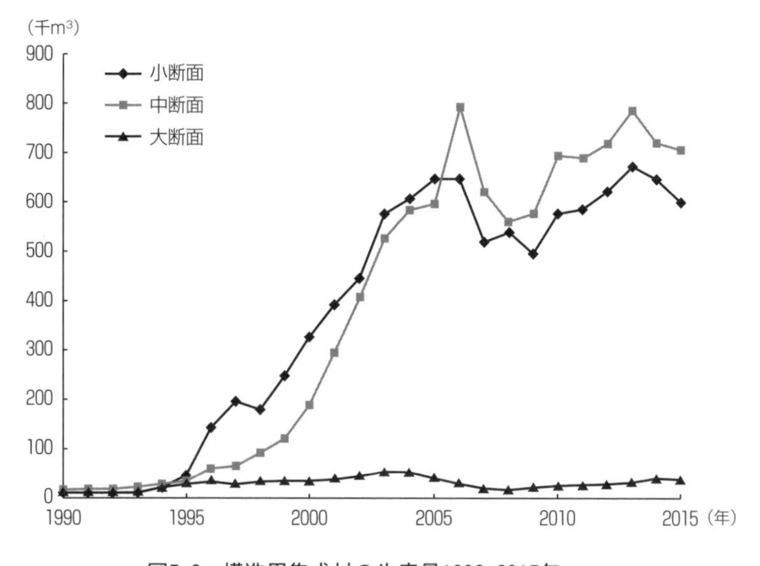

図5-6　構造用集成材の生産量1990-2015年

注）詳細は，巻末付表４を参照．

出所）『森林・林業白書』各年度版をもとに筆者が作成．

森林所有者は，取引に関与できなくなっていった．製材業者間の価格競争が激しさを増すなかで，製材業者の言い値での木材の取引が半ば常識化し，製材業と林業とはますます分断されていくことになった．今日の森林所有者が経験している危機は，このような林業が埋め込まれる社会関係のシステムに生じた転換のプロセスとも深くかかわっているという意味で，単なる経済的危機ではなく，社会関係の危機なのだといえる．

ただ問題は，このような大がかりな市場の転換が，自然発生的に生起したのではなく，とりわけ2000年代以降は，政策当局の積極的な介入にその進行が規定されるようになっていったことがうかがわれる点である．これについては，政策の内容や手法の大胆な転換が行われたことがしばしば強調されるが，そこには，これまでの政策と何ら変わることのない，森林をめぐる政策当局の一貫した思考を見出すことができる．次に，この点について検討してみたい．

4 森林政策の転換

(1)　林野庁の新たな供給拡大戦略

木材市場をめぐる新しい状況に対して，政策当局がそれまでの森林政策からの転換を図りつつ，変化に対応していく動きをはっきりしたかたちで見せるようになったのは，2001年に「森林・林業基本法」が制定されて以降のことである．

「森林・林業基本法」は，それまでの「林業基本法」に代わって，森林及び林業に関する施策の基本理念と，それを実現していくうえでの基本事項を定めた基本法である．この「森林・林業基本法」の制定は，従来の木材の生産増大を軸に据えた政策から，森林のもつ多面的機能の持続的な発揮を軸に据えた政策へと，森林政策の基本方針の転換を図った法律として一般的に捉えられているが，ここでいう森林政策の転換は，このことを指しているのではない．ここで注視しているのは，森林・林業に関する施策の基本指針として，この「森林・

林業基本法」に基づいて策定された「森林・林業基本計画」のなかで,「林産物の利用・供給についての目標」が新たに定められ,そこで集成材の生産拡大に向けた「団地的取り組みの拡大」や「ロットの拡大」の必要性が指摘されている点である.

この「林産物の利用･供給についての目標」に沿うかたちで,林野庁は早速,2002年に「地域材利用の推進方向および木材産業体制整備の基本方針[7)]」を定めている.そこでは,「近年,柱及び梁・桁用を中心にして需要が急増している」構造用集成材には,「積極的に国産材の活用が必要だ」という観点から,「低価格な原木の確保」や「効率的な加工技術の開発,普及の推進」を通して,集成材への国産材利用を推進し,2000年現在,30万m^3の利用にとどまっている集成材への国産材利用を,2006年には126万m^3,2012年には190万m^3まで増やす,というように数値まで挙げてきわめて具体的な目標が示されている[8)].

そして,こうして新たに設定された政策目標に沿うかたちで2003年に策定され,2004年４月から実施に移されたのが「新流通・加工システム事業（略称「新流通システム」)」である.この「新流通システム」をめぐっては,その検討過程に,今日,大手と呼ばれる集成材業者や住宅メーカー,さらに国産材の集成材利用の拡大をサポートする論陣を張る研究者が深く関与していた.こうした動きからは,政策当局が,そうした新たな相互作用のチャンネル媒介にして市場の内部の関心や行き交う情報を把握しつつ,政策を立案していった様子がうかがわれる.

こうして新たに切り開かれた政策領域を通して事業化された「新流通システム」は,従来の「林業構造改善事業」のように,自治体や流域単位で補助金の受け皿となる組合を立ち上げて施設を整備するパターンではなく,「林野庁の補助事業としてはじめて民間会社へ直接国費を投入した」点を特徴としている[山田 2008].製材・加工業者による製材工場の建設に建設費の３分の１から２分の１の補助金を直接投入するかたちで,大型の製材工場の建設が進められたのである[9)].

そして林野庁は，この「新流通システム」に次ぐ事業として，「新生産システム」を打ち出し，2007年度から５カ年の計画で，全国11カ所のモデル地域を選定し，「新流通システム」と同様の手法で大規模製材工場の建設を進めていくことになった．ただ，この「新生産システム」は，「新流通システム」のように業者単位で資金を投下するのではなくて，全国から募集したプロジェクト提案の中からモデル地域を指定して，原木の直送化や地域材の利用拡大など，既存の木材マーケットの外側に，地域の木材の安定的な供給体制を新たに構築していくことを目標に掲げている点が大きな特色といえる[10)]．５年間で11地域全体の原木消費量を129万m^3から221万m^3にまで拡大を図ることが目標として掲げられ，製材施設や木材乾燥機など大型の製材・加工設備の整備が全国各地で進められた（『平成20年度版森林・林業白書』[11)]）．

ここからは，新たな木材市場の創出が，森林政策の転換と深くかかわりあいながら進行してきたことがわかる．転換が進行しつつあった木材市場をめぐって，その過程をいわば追認するかたちで新たな政策領域が切り開かれる一方，新しい政策を通して市場の転換が加速していくことになった．新たな木材市場の創出にかかわってきた人びとは，こうした政策領域に積極的に関与しつつ，そこから導き出された施策によって制度的な後ろ盾を確保するかたちで市場の転換を主導していったのである．実際，この一連の政策の支援を受けて立ち上がった工場を中心とする国産材の利用の拡大を背景にして，構造用集成材の生産は急激な伸びを示していくことになる．

(2)　繰り返されるローカル・マーケット批判

この政策当局の動きには，木材供給の安定的確保と，そのための木材供給の大規模化という，高度経済成長期以来変わることのない日本の木材市場の変革に対する政策当局の明確な課題意識を見出すことができる．

高度経済成長期以来，林野庁は，日本の林業について，経営の零細性や供給の分散性，あるいは品質の不安定さを指摘し，供給拡大に向けた産業の再編の必要性を一貫して訴えてきた．そして，今日の森林の危機的状況への対応をめぐっても，政策担当者自身が，そのような市場パターンの変革こそが，危機からの打開につながると認識し，また政策立案の根拠としていたことがうかがわれる．

例えば，この一連の政策の立案に関わった政策担当者は，「現在の林業や木材産業は，森林の所有構造，木材の生産・流通・加工体制がいずれも小規模・分散型で，そのため生産・流通・加工コストのいずれもが高止まりしている構造にあり，また生産・販売のロットが小規模で大規模な木材需要に対応できないために，供給は不安定であって，外国産材に対する競争力を持たない」と指摘しており，新たな政策は，そうした木材の生産･供給をめぐる現状を打破し，新たな木材供給体制を組織化しようとするものなのだと語っている［山田 2008：209］．そして，政策の導入を通して，「小規模・分散的・多段階」となっている現状の木材市場を変革し，ニーズに応じた製品の安定供給を図ることをめざすとしていた．この主張は，1950年代後半，木材供給の拡大の要請に対処しきれないでいたローカルな木材市場の変革を掲げて介入を展開した政策当局の主張と何ら変わるところはない．

しかし，当時と2000年代とで状況が異なるのは，そうした政策当局の思い描く木材供給のパターンに合致するビジネスがすでに生起しつつあった点，そしてそうした人びとに供給が可能な森林資源が国内で成熟しつつあったという点である．木材市場のあり方を批判してはみたものの，供給の拡大を図るにも，1960年代の段階ではまだ国内の森林資源は十分とはいえず，しかも供給拡大に対応するビジネスの萌芽が見当たらない状況だった．しかし，2000年代に入る頃には，集成材生産からプレカット加工に至るまで，木材業界の内側から大規模かつ効率的に木材を調達・加工する新たなサプライ・チェーンの構築をめざす動きが，各地で広がりはじめていた．「新生産システム」の導入は，こうした時機を捉えた林野庁の積極的な対応だったといえる．

(3)　占有集団の交替

以上，1980年代の製材品輸入の本格化を契機とした製材業者の新たな対応から，ローカルな木材売買のネットワークが衰退していくなかで，木材資源が流れる空間の成り立ちが一変し，市場を行き交う木材の動きが切り替わっていく様子を捉えてきた．

この転換過程のなかで，新たな住宅用木材市場の創出をリードする存在となっていったのが，集成材業者であり，プレカット業者であった．そうした業者は，激しい価格競争が生じて多くの製材業者が安定した売買のネットワークを失っていくなか，取引を望む業者には一定の性能を備えた製品の安定供給を強く求めつつ，また政策当局とのあいだで新たな相互作用のチャンネルを切り開いて市場の安定を図ってきた．そして，そのようにして市場を行き交う木材の動きが切り替わり，またその安定が図られていくプロセスは，新たな業界秩序の発生と密接に結びついていた．

例えば，2005年3月に設立された「国産材製材協会」は，そうした業界としての新たなまとまりを形成する代表的な動きといえる．「国産材製材協会」は，主にKD材を製造する業者が設立した協会で，会員資格として，年間原木消費量2万m^3以上という条件がつけられた．旧来の国産材の製材業と外材製材業との境界は取り払われ，住宅用材として求められる性能の変化の動きを見据えつつ，個々の業者としてではなく，協会として一致して住宅メーカーや政策当局と対話や交渉のチャンネルを形づくろうと試みていくようになる．

こうした動きは，住宅用木材市場において既存の木材業界に取って替わるかたちで新たな占有集団（incumbent group）を形づくろうとする動きとして捉えることができる．フリグスタインによれば，占有集団とは，市場における制度的取り決めを支配し，そこから恩恵を受ける企業の集まりである．こうした集団に属する企業は，立ち上がって間もない市場に生じがちな「抜け駆け」や，業者間の過当競争を抑制しながら，企業の規模に応じた参入障壁の設定や，あるいは技術や製品の標準化を通して，市場の安定を図ろうと試みていく

[Fligstein 2001a].「国産材製材協会」の発足には，供給の零細性，分散性や寸法や強度のばらつきといった，住宅メーカーの木材調達をめぐる不確実性の軽減を図りつつ，より大きいロットで木材を取り扱う供給網を構築して，市場に流通する木材の質・量を集合的にコントロールしていこうという意図を読みとることができる[12]．そして森林経営は，このような木材市場における占有集団の交替のプロセスとかかわりあいながら育林にかかわる選択の見直しを迫られていくことになる．

5 ローカル・マーケット批判の限界

(1) 森林経営の苦境

こうして新たな占有集団が形成されていくプロセスは，市場の形成をリードし，また市場の要求に的確に対応していくアクターと，そうでないアクターとの序列をはっきりさせ，それまでの木材市場には見られなかった対立や摩擦を生み出していくプロセスでもある [Fligstein 1996;2001a]．実際，そうしたなかで，森林所有者や小規模な製材業者を中心に，新たな市場の中に亀裂や，あるいは矛盾を探し出し，この新たな木材市場の外側にそれとはまったく異なるタイプの市場を対抗的に組織する試みが拡がっていくようになる．その典型が，やがて「近くの山の木で家をつくる運動」というかたちで全国的な潮流を形成していくことになった，森林所有者による市場創出の試みである．この取り組みの展開については次章以降で詳しく触れることにして，ここではこの木材市場の転換が育林にもたらした新たな現実について，森林経営の実態を跡付けながら振り返ってみたい．

図5－7は，1980年から2001年までの森林経営の実態について，林野庁が実施してきた『林家経済調査』をもとにしてまとめたものである．ここで取り上げたのは，20ヘクタールから500ヘクタールまでの森林を所有する比較的規模が大きい林家に関する調査の結果に限られる[13]．そのため，問題の全体像に迫る

〈全体(20ha～500ha層)〉

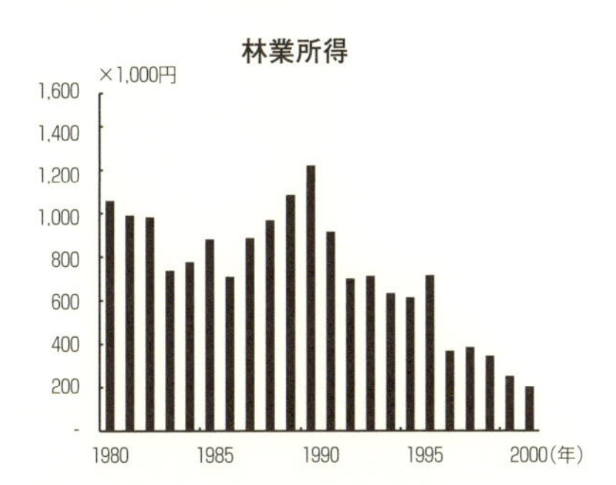

〈100ha～500ha層〉

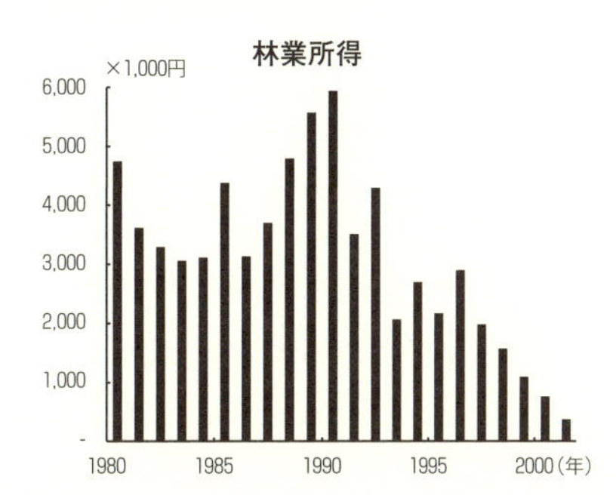

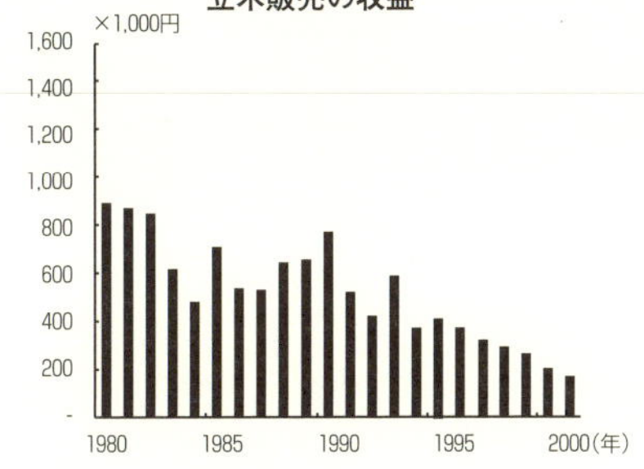

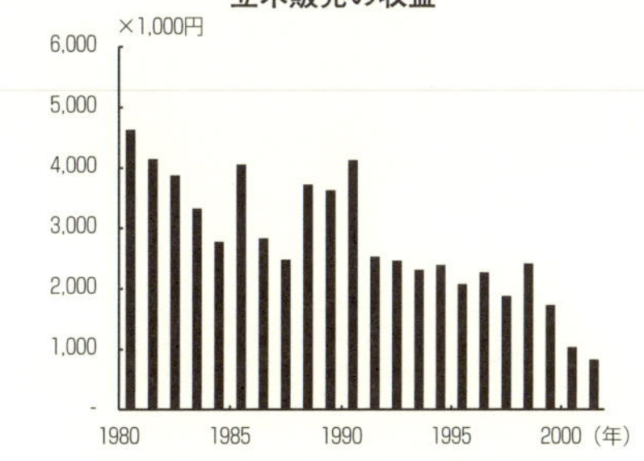

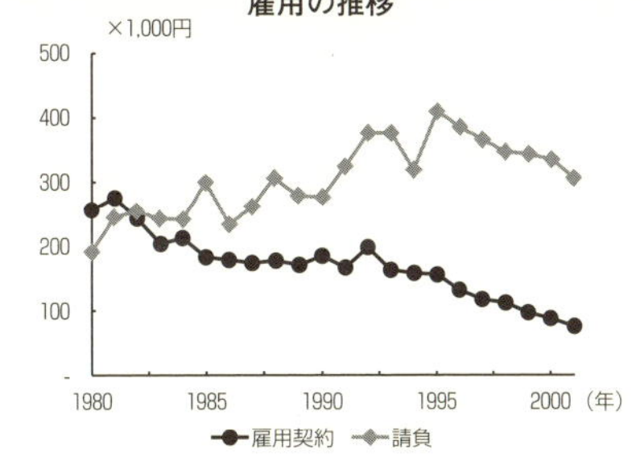

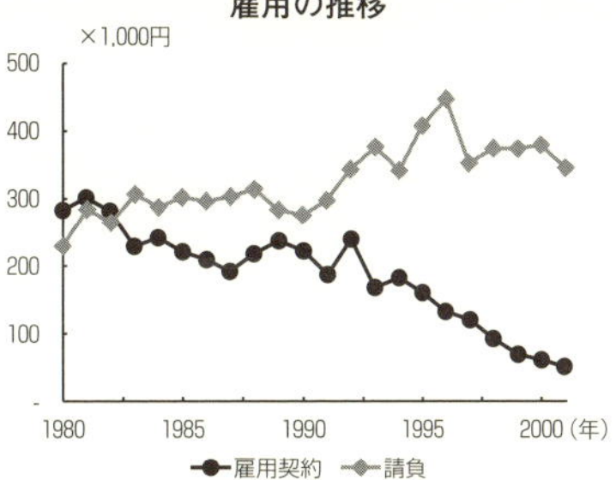

図5-7　森林経営の推移1980-2001年

注）データの詳細は巻末付表５「森林経営の動向」を参照.

出所）『林家経済調査報告』(1973-2001 年）をもとに筆者が作成.

という意味では限界があるものの，これを見ると，木材市場の転換が進行するなかで，この時期の森林経営が直面した苦境の一端が見えてくる．

まず，「林業所得」について見てみよう．ここでいう「林業所得」は，立木の販売に加えて，伐木を用途に合った寸法に揃える素材生産，薪炭やきのこの生産から得られた収益などの林産によって得られる利益から，雇用や請負に支払う賃金，種苗代，機械のメンテナンスなどにかかったコストを差し引いたものである．これについて見ると，とりわけ1990年代後半以降，急激な減少を経験していることがわかる．全体の平均としては，90年代はじめに125万円程度あった林業所得が，それから10年ほどのあいだに20万円程度まで減少している．100ヘクタール以上の森林を所有する林家への影響はより深刻で，同じく90年代のはじめに平均して600万円弱あった林業所得が，2001年には，約36万円となっていて，10年間でその大半が失われていくことになったことがこれを見るとわかる．

この苦境は，この時期の立木販売の低迷によるところが大きい．かつて100万円近くあった立木販売の収益は，2000年を過ぎると全国平均で20万円を割り込む事態となった．大規模層でもかつて400万円以上あった収益が，80万円程度まで落ち込むまでになっており，価格競争が激しさを増していくなか，市場が森林へのリターンを安定的に生み出す機能を失っていく実態が明確になっている．1990年頃までは，専業で経営を成り立たせていく可能性を見据えることができていたような森林所有者たちも，90年代後半以降は，多くがそうした展望を見出すこと自体，困難になっていったのである．

そして一連のデータからは，こうした森林経営の苦境が，育林の担い手の確保に関する経営上の判断ついても少なからぬ影響を与えていることを読み取ることができる．80年代半ばから，雇用契約が減少する一方で，請負，つまり育林を外注する割合が高くなり，90年代半ば以降はその傾向が鮮明になっていく．これは，立木販売の収益が失われ，森林所有者たちが育林を独力で組織していくことが難しくなるなか，「所有と施業の分離」が広く進行しはじめていた実態を示している．日本の森林経営の中には，独自に雇用契約を結んで作業員を組織し，それを効率的に展開しながら育林を体系化してきた経営体も少なからず存在する．ローカル・マーケットの危機は，こうした雇用契約を基本にした育林の維持を困難にしていくことになった．それは，この危機が，山村社会における雇用のあり方にも少なからぬ影響を与えていくことになったことを示唆している[14)]．

こののち，政策の後押しを受けるかたちで各地に大規模な集成材工場の建設が進むなかで，国内各地で木材供給は増加に転じていく．しかし，そうした状況下でも木材価格の下落はさらに進行し，2000年からの10年間だけでも，山元立木価格はさらに約３分の１にまで下落していくことになった．この時期の日本の森林経営は，どれだけ保有する木材を市場に放り込んでも，育林に充てる費用を調達することができないという，極めて困難な状況に陥っていったのである．新たな木材市場から大量の需要が発生したものの，局所的な売買のネットワークから発達した供給の調節が失われた市場では，かえって価格競争が強まって，森林経営の苦境はいっそう深刻なものになったといえる．

(2)　拡がる再造林放棄

こうして市場の転換が加速度的に進行しはじめた2000年を過ぎたころから，九州を中心に，第１章の冒頭で触れたような人工林を伐採したあとの林地に植林を実施しない「再造林放棄地」の拡大が指摘されるようになる．木材の販売から再造林に必要なリターンを得られない所有者のあいだで「伐りっぱなし」の林地が拡がったのである．

しかし今，このようにして振り返ってみると，こうした「伐りっぱなし」という選択の拡大は，単なる木材価格の下落の帰結ではないことは明らかである．そうではなくて，それは，製材品輸入が本格化して以降，ローカルな木材売買のネットワークの衰退が進行し，木材価格の下落に対して「待つ」という選択の有効性が失われていく一方で，市場の転換の過程で，より多くの木材を短期的に供給する以外の選択肢を見出すことが困難になっていったことの帰結だったといえる．

だが，「新流通システム」以降の新たな政策について，検討過程にかかわった林学者が「政策としても，価格のことを議論しませんでしたね」と振り返りつつ，一連の政策が「価格はもう上がることはないだろうと考えられていたために，素材生産コストや流通コストをできるだけ縮減して，その縮減した分を山元に還元しようという発想だった」と述べているように［餅田ほか 2011：7］[15)]，この間，新たな木材市場に関する政策領域で木材価格の下落や，森林所有者に対する利益の配分のあり方めぐって積極的な対応が模索された形跡は見られない．こうしてローカルな売買のネットワークが分断され，個別の市場に備わっていた「森林の危機への対応力」が衰えていくなか，森林所有者は，以前のように一本単位から木材を扱う市場に代わるかたちで，より大規模な木材の売買を基本とする新たな市場に接続され，競争への適応を迫られていくことになった．

製材業界にとって，今日の木材市場は，ニーズに適う木材を大量かつ安価に調達していくことを可能にする制度として以上の意義を見出しにくくなっている．ニーズに適った木材を調達できなければ調達経路を組み替えればよい．競争が激しさを増すなかで，その動きは容易く国境を越える．木材市場の転換は，こうして地球規模の価格競争に組み込まれた森林経営が，資源の蓄積を図りつつ，長期的に維持していくという選択肢を消失させていく過程でもあり，そうしたなかで森林所有者たちのあいだでは，わずかな価格の上昇を捉えては機会主義的に大面積の伐採を行うというかたちで対処するケースが目につくようになっていく．再造林放棄や，あるいは林地の転売は，その先に生じた現象であり，現状の木材市場が「森林の危機への対応力」を失ったなかで，森林所有者がこれまでの投資を短期的に回収していくべく，経済合理的に振る舞った帰結だということができる．

(3)　ローカル・マーケット批判の限界

以上のように，ローカル・マーケットの危機として今日の森林をとりまく問題の背景を捉えて分析を進めることで，現代日本における森林の危機は，高度経済成長期における木材の生産と供給に対する政策介入の確立を契機とした木材市場の長期的な転換過程の中で生じていることが浮かび上がってくる．言い換えれば，長年にわたって政策当局が自らの構想の中で思い描いてきた木材市場のパターンが，日本の木材市場において現実のものとして具体的に展開するようになっていく過程で，森林の危機が広く顕在化していることが明らかになってきたのである．それは，今日の森林の危機が，激しさを増す市場競争だけでなく，戦後日本の森林政策の限界として生じている一面を浮き彫りにする．

戦後の森林行政は，森林の活用が政策的テーマとして浮上するたびに，既存の市場における供給の零細性，分散性，あるいは品質の不安定さに焦点を当てた批判を繰り返してきた．木材供給の拡大にせよ，成熟が進む人工林資源を活用した林業の再生にせよ，供給能力が低い「遅れた」市場としてローカルな木材市場を位置づけて，批判的に介入していくことが問題の解決につながると考えられてきた点では一貫しており，そうした問題理解のもとで数多くの政策が立案され，実施されてきた．そこに，ローカルな木材市場のもつ森林の危機への自律的な対応力が，正当に位置づけられることはなかったといえる．

確かに，ローカルな木材市場は供給能力が低く，また品質の向上に対しても無頓着としか言いようがない側面があった．そして，木材市場の転換が図られるなかで，解体が進む状況を食い止めることができなかった．しかし，これまでの議論から明らかになったように，こうした木材市場の転換によって，森林の活用をとりまいて生じている問題が解決されたかというと，そのようなことはないし，むしろその過程で価格競争が常態化し，再造林放棄をはじめ，森林所有者の選択をより機会主義的なものへと振り向ける結果を招いてもいる．その意味で，いまわれわれの目の前に現れている森林の荒廃は，そうしたローカル・マーケット批判が限界を露呈するかたちで生じている．

人工林経営という，元来，不確実性の高いビジネスをより持続的なものにしていくために地域の業者たちのあいだの試行錯誤から見出されたのがローカル・マーケットという解決策だった．持続的な森林管理を保証する規制が未整備で，かといって取引先の情報が不十分ななかで，日常的な接触の機会を通じて培われた信用・親密性・相互依存性のうえに成立した人的関係が，森林資源の蓄積を維持していくうえで重要な機能を果たすと人びとのあいだで信じられてきたし，また実際に機能してきた．製材業者との相対での取引にしても，戦後になって各地で発達した原木市における仕分けにしても，そこから生起した市場は，外部環境の影響を回避し，森林の利用に長期的観点を付与することをめざすものだった．

そして，1990年代以降の木材市場の転換の只中で，森林所有者や零細な製材業者のあいだで広がったのも，そうした局所的な人的関係から自然発生的に生じた木材売買のネットワークを基礎にした新たな市場創出の試みだった．1990年代後半以降，各地で立ち上がっていった取り組みは，都市の施工業者のグループと直接結びついたり，あるいは亀裂が生じた売買のネットワークの修復を試みたり，それぞれの置かれた状況の違いを反映して多様な展開を遂げていくことになる．

次章以降，こうした森林所有者たちの試みが，「近くの山の木で家をつくる運動」という，現状の木材市場とは対極的といえる市場創出の試みとなって生起してくるまでの過程を，徳島県と兵庫県，２つの取り組みを素材に概観し，これらを手がかりに今日の森林所有者が直面している危機の全体像を再構成するとともに，現代日本における森林の危機の構造的な背景について改めて検討していくことにしたい[16)]．

注

1）例えば，インドネシアから輸入される丸太は，1980年の時点で，東南アジアから輸入されていた木材，約1966万m^3のおよそ半分を占めていた．そのインドネシア政府が，スハルト政権による民族資本の保護政策のもとで，1981年４月に制定したのが「新林業政策」である．この政策は，自国の木材工業の育成という観点から，丸太輸出を大幅に制限し，国内であらかじめ製材した木材製品を輸出の中心に据える方針を明確に打ち出していた．輸出制限は，合板工場に対してのみ丸太輸出を許可するもので，82年450万m^3，83年300万m^3，84年150万m^3，85年以降ゼロとする計画であった．インドネシア政府のこの政策転換によって，「南洋材関連業は，一種の“パニック”状態に陥った」とされる［安藤 1983：18-19］．

２）一方，このころ丸太の輸入は減少を続けていた．なかでも高度経済成長期以降，米材輸入の拠点だった静岡県の清水港では，1973年には88万9000m^{3}を記録した輸入量が，90年には31万m^{3}まで落ち込み，またかつて30万m^{3}を超える規模の木材を輸入していた和歌山県の田辺港は，1998年には外材輸入港としては閉鎖を余儀なくされている［堺編 2003：183］．

３）これについては，林野庁の政策担当者が次のように述べている．「日本の林業・木材産業はこの三十年間，まさしく森林所有者の手取りをずっと減らしながら生き延びてきた，ということです．結果は，……（略）……三十年生の林でも間伐されない，そんな林が増えているということにつながっています」［山田 2007：42］．

４）構造用集成材は，一般に「大断面」，「中断面」，「小断面」に分けられる．「大断面」は，断面の短辺が15センチ以上，断面積が300平方センチ以上のものを指し，「中断面」は，短辺が7.5センチ以上，長辺が15センチ以上のものを指す．そして「小断面」は，短辺が7.5センチ未満，または長辺が15センチ未満のものを指す．本格的流通は1992年頃とされる［赤堀 2010：26］．

５）「エンジニアード・ウッド」の正式名称は，「Engineered Wood Products」である．業界の内部では，「エンジニアード・ウッド」はしばしば「エンジニアリング・ウッド（Engineering Wood）」という「和製英語」で呼ばれたり，また頭文字をとってただ「EW」と呼ばれたりしているが，これらは「エンジニアード・ウッド」と同義である［林 2003：63-64］．

６）次のような，90年代半ばの市場関係者の証言は，当時の住宅用構造材市場の実態を的確に捉えたものだといえる．「プレカットは受注をこなしきれないほど忙しいというのに在来流通のほうは低迷している．つまり流通が二重構造になってしまっており，プレカット材などは目に見えないところの新しい底辺の流通チャンネルで勢いよく流れているのに，目に見えるところの在来流通はすっかりしぼんでしまっている．」，「昔はスギ・ヒノキの柱，ヒノキの土台，スギの貫・たる木といったものが売れ筋商品で市場の指標だった．が，いまは『何が売れ筋で，何が指標か』と聞かれても答えようがない．」［牛丸・西村・遠藤編 1996：131］．

７）林野庁「地域材利用の推進方向および木材産業体制整備の基本方針」（http://www.rinya.maff.go.jp/kihonhousin.pdf）アクセス日：2008年９月30日．

８）「地域材利用の推進方向および木材産業体制整備の基本方針」29ページ．

９）例えば，この事業による支援を受けて，佐賀県伊万里市に新たにラミナ製材工場を建設したのが，伊万里木材市場と同市で集成材工場を建設し2003年から稼働させている（株）中国木材が共同で立ち上げた「西九州木材事業協同組合」である．「西九州木材事業協同組合」は，2005年から九州一円から木材を集め，中国木材へラミナを供給する事業を開始している．年間12万m^3の製材品を生産する中国木材伊万里工場の主力商品が，アメリカ産の木材（ベイマツ）と国産のスギを組み合わせた集成材（ハイブリッド･ビーム）で，この新たなラミナ製材工場の建設により中国木材は，国産のラミナをかつ安定的に利用することができるようになった．なお，中国木材は，これまでベイマツを主力にして毎年150万m^3以上の製材品を加工してきた外材製材のトップに位置する製材業者で，この事業をきっかけに，他の外材製材業者に先駆けて，国産材の利用に乗り出し以後，各地に新たな集成材工場を建設していくことになる．

10）「新生産システム」のモデル地域は，南九州4県を中心にした，以下の11の地域で実施されている．「秋田（秋田県下各流域）」，「奥久慈八溝（福島県阿武隈川，奥久慈流域，茨城県八溝多賀流域）」，「岐阜広域（岐阜県下各流域）」，「中日本圏域（三重県･岐阜県･愛知県下各流域）」，「岡山（岡山県下各流域）」，「四国地域（徳島県吉野川流域，那賀･海部川流域，愛媛県東予流域，中予山岳流域，高知県嶺北仁淀流域，安芸流域）」，「熊本（熊本県下各流域）」，「大分（大分県下各流域）」，「宮崎（宮崎県下各流域）」，「鹿児島圏域（鹿児島県下各流域（奄美大島流域を除く）．

11）新生産システムには，住宅用材の製材業者だけではなく合板産業への資金投下も見られた．新生産システム以降，こうした工場の建設にも補助金が投入され，外材から切り替えつつ供給を拡大している．

12）そうした市場としての「安定」を模索する動きの中で，木材の商品としてのグレード（等級）も，大規模供給に合致した構成へと整理されていく．第4章でも触れたように，市場の転換以前の原木のグレードは，節の有無などに合わせて並材，一等材……などと10段階以上の等級に細分化され，原木市では，さらに素材の寸法などの条件も組み合わせてより細かな「仕分け」を追求してきた．しかし，集成材業者にとってはこうしたグレードはむしろ必要なく，新たな市場の確立とともに，木材は，A材（曲がりのない木材），B材（曲がりのある木材），C材（今の技術では製品として使うことのできない木材）という3つの区分が，半ば常識的に用いられるようになっていった．ちなみに，先に述べた「新流通システム」は，このうちそれまで用材として利用されることが少なかった「B材」の，「新生産システム」は，「A材」の利用の拡大をめざして打ち出されている．

13）この調査は，1963年から行われているが，森林所有者の階層区分がたびたび変更されてきたため，ここではある程度信頼できるデータが採り出せる部分（この場合，20～500ヘクタール層）に限定して新たにまとめ直している．階層区分については，1992年までは5～20ヘクタール層も調査対象となっていたが，それ以降はデータからは除外されている．また，2002年以降は「林業経営統計調査報告」に名称変更し，500ヘクタール以上の層もデータに組み込んだため，全国平均の数値までもが大きく変化した．こうした調査方法の変遷については，根津［2012］も参照．

14）ちなみに速水亨氏は，ある対談の中で森林経営の現状について次のように語っている．「私が生まれた1955年当時はスギ1立方メートルに対して1日12人雇えていました．それが今ではたった0.2人．つまり人件費に対して木材価格が60分の1に下がってしまった」「私がこの世界に入ったときは，うちは日本でも一番の労働多投型林業で，1ヘクタールの30年生の森を育てるのに，延べ420人くらいの労働量を投入していた．……（中略）……機械を導入したり，下草刈りをやめたり，従来の林業のやり方を徹底して見直して，今は90人くらいまで減らしました．もし枝打ちやめたら30人台まで減らせるかもしれない」［速水・藻谷 2014：120］．

15）遠藤日雄氏の発言．同じ座談会の中で同氏は，「新生産の政策は，当初５万m^3程度からはじめて，原木の安定供給が担保されるにしたがって工場の規模を拡大していき，最終的に10万m^3くらいまで拡大し，外材にも十分対抗できる競争力をつけるというビジネスモデルを作ったのだと思います．そういう意味では中小工場は蚊帳の外に置かれてしまいました」と語っている［餅田ほか 2011：６］．

16）とはいえ市場としての「近くの山の木で家をつくる運動」は，KD材，集成材を中心とする新しい住宅用木材市場などとは比べ物にならないほど小規模な市場である．１年間に建てられる棟数も，全国で250程度あるといわれるすべての取り組みを合わせても，およそ6500棟とされる［山田 2008：208］．これは新設木造住宅着工戸数全体の１％程度の数字にとどまる．しかし本書で問題となるのは，この取り組みが現状の木材市場に対して何を提起しているのか，という一点である．

第6章
「近くの山の木で家をつくる運動」の形成
――徳島県下の森林所有者の取り組みから――

1 市場に問いかける森林所有者

(1) TSウッドハウス協同組合の概要[1)]

「TSウッドハウス協同組合（以下，「TS」と呼ぶ）」は，徳島県南地域を流れる那賀川，海部川両水系にいずれも100ヘクタールを超える森林を所有する，5つの専業林家の共同出資で1995年8月に結成された，住宅用の構造材を専門に生産，販売する協同組合組織である．TSでは，製材業を兼業する森林所有者の参画も得て，育林から製材品の加工・販売までを一貫して担っている．ただしTSでは，通常の森林組合とは異なり，森林の施業は共同化せず，参画する経営者それぞれが独自に施業チームを組織して育林を行っており，また専従職員もいない．TSが結成されたときは，メンバーが50代後半から60代に差し掛かっていた時期にあたっていて，それぞれ後継者を確保し，経営の継承を図ろうとする時期であった．ちなみに「TS」は，「徳島スギ」をローマ字表記した際の頭文字で，このことからもわかるとおり，販売しているのはスギのみである．

TSでは，柱材や板材といった特定の部材に専門化したり，柱一本，板一枚からの注文に応じるというよりも，住宅1軒分の木材をまとめて供給することを基本としている[2)]．現在，年間およそ1500m^3，住宅30～40棟分の販売量を確保しているTSだが，販売する木材は，市場ではもっとも手頃な並材でありながら，¥15,000/m^{3}を結成当初からの基本としている．これは，現在の平均的なスギの価格の5倍以上に相当する価格だが，木材価格が低迷する今日，森林を維持していくうえでは「ギリギリの価格」だと言う．TS材は，この価格を土台にして自然乾燥を行って製材したもので，集成材やKD材ではない．

5人の経営者は，いずれも明治期に森林を取得した，この地域を代表する専業林家の系譜に属し，とくに先代までは，後に触れるような激しい対立も経験しながら規模拡大を競い合ってきた間柄にある．1980年代以降に生じた危機は，このような経営者たちを新たなかたちで結びつけていくことになるのだが，ここではまず，このグループが，「協同組合」という形態で活動しているものの，ただ同じ地域で森林を所有する人びとを集めたグループではないということを，TSの特色として確認しておこう．そして，森林所有者による危機的状況への対応の事例として，まずこのTSを取り上げるのは，この取り組みが，その後の「近くの山の木で家をつくる運動」の先駆者となっていく点に加えて，これまで幾度となく生じた難局を乗り越えてきた経験をもつ専業林家が新たに結集するかたちで独自の取り組みを組織していく過程にアプローチすることで，日本の森林が直面している危機の現代的特質を，より明確にしていくことができると考えたからである．

この章では，こうして1980年代以降，それまで信頼を寄せてきたローカルな木材市場の衰退を経験した森林所有者たちのあいだから，新たな市場創出の試みが生起していく過程に注目して，「近くの山の木で家をつくる運動」が現代の木材市場に対して提起した問題を明らかにしていく．次節でまず，徳島県の人工林経営の歴史と成り立ちを概観したうえで，危機への対応がTSの結成へと向かっていく過程を考察し，問題の構造的背景についても分析を加えていきたい．

(2) 新しい森林経営を求めて

ただ，「近くの山の木で家をつくる運動」が，基本的には木材市場の転換に対応した対抗的な市場創出の試みだったとはいえ，個別の試みには，それにとどまらない意図が込められているのもまた事実である．こうした点について，TSの例に沿ってここでいくつか確認を行ってから，議論を先に進めることにしたい．

まず触れておきたいのは，保有する森林資源の偏りから生じる運動戦略上の制約についてである．多くの森林所有者は戦後，拡大造林期を中心にして植林された針葉樹で覆われている森林を保有し，このことが齢級構成や保有する樹種の偏りを生んでいることはすでに指摘したとおりである．ただ，とりわけ伝統的な林業地にとって，こうした保有資源の偏り（有限性）は，広葉樹林からの切り替えというだけではなく，第二次世界大戦中の増伐の帰結という側面がある．

第二次世界大戦末期にかけて，木材にも戦時統制が敷かれ，徳島県でもこの時期の強制的な伐採によって，伐採量が急増する．**表6－1**は戦中の木頭村における伐出量の推移を振り返ったものであるが，1935年と1945年とを比較すると，伐出量がおよそ2倍に増加していることがわかる．TSに参画する森林所有者たちが連なる林家も，こうした戦中の増伐を回避することはできなかった．その結果，高値で取引されてきた高齢級の木材の多くを失い，多様な木材を組み合わせて経営を展開することができず，戦後に植えられた並材で経営を支える以外に選択肢を見出すことができない状況に置かれている．言い換えれば，戦時中の政策的な選択が，今日に至る森林所有者の選択を制約する結果を招い

表6-1　戦中の旧木頭村における木材生産量の推移

（単位：万石）

年	生産量
1935	2.8
1936	3.0
1937	2.8
1938	3.4
1939	3.4
1940	3.2
1941	3.6
1942	6.3
1943	6.0
1944	4.4
1945	6.0

出所）徳島県編『徳島県林業史』413ページ，第1-5-36表をもとに筆者が作成．

ているわけである．今日の森林所有者の取り組みを検討していくうえで，この点について，まずは確認しておこう．

そしてもう一点，「近くの山の木で家をつくる運動」が，それ以前に各地で結成された類似の取り組みを教訓としながら立ち上がっていった点についても触れておきたい．木材市場をめぐる混迷が広がった80年代のはじめ，「産直住宅」と呼ばれる新しい木材供給の方式が全国に広がりつつあった．しかし，家づくりの現場では，用材がまとまらず，産直といっても結局産地の問屋から部材ごとに買い集めることになったり［長谷川・和田・村田 1996：99］，あるいは木材を大工が刻む際の土場を確保できずに，木の行き場がなくなったり［丹呉・和田 1998：24］，設計・施工の側が苦労を背負い込むケースが少なくなかったとされる．「産直」というと，決まって「流通をカットして，そのぶん収益を確保する」とか，「既存の市場で流通する商品との差別化を図る」ことによって利益の拡大が可能になるといったイメージで語られがちであるが，そうした成果を生む以前の段階で，林業と施工業とのあいだで亀裂が生じることになっていたのである．

発足当初から，TSが１棟分の部材を揃えて供給することを基本としているのは，こうした「産直住宅」をめぐる経験から，木材の供給のあり方について学んだ結果でもある．その意味で，「近くの山の木で家をつくる運動」は，ゼロから立ち上げたというよりもむしろ，こうして先行する取り組みの失敗から教訓を得ながら成立していったといえる面もあることを，ここでは指摘しておきたい．

「近くの山の木で家をつくる運動」は，以上のような事情も背景としつつ，新たな森林経営を求める動きとして立ち上がっている．このことをふまえたうえで，次節からはTSの結成に至る過程を跡付けながら，木材市場の転換とのかかわりを軸に考察を加えていくことにしたい．まずは，徳島県南の林業地帯の歴史に触れながら，TSの立ち上げにかかわった人びとについて，その系譜に沿って紹介したいと思う．

2 森林所有者たちの系譜

(1) 徳島県南の林業
――民有林地帯の形成――

徳島県南の那賀川，海部川の上流域は，明治期以降，スギを中心に据えた人工林経営が発達してきた全国屈指の民有林地帯として知られる．木頭林業地帯として知られるこの流域から伐り出される木材は，17世紀から大阪をはじめとする大都市で取引されており，すでに18世紀末には，植林が行われていた記録もある［北川 1968：231］．ただ，当時は天然林の伐採がほとんどで，人工林の形成が本格化していくのは20世紀に入ってからのことであり，それを中心的に担ったのが，大規模に森林を所有して林業を営んできた森林所有者たちである.[3)]

こうした民有林地帯の形成には，明治初期の廃藩置県直前の阿波藩の決定が大きくかかわっている．1869（明治2）年，17世紀以来，阿波藩の当主だった蜂須賀家は，翌年に施行される土地の官民有区分を見越して，藩が保有する森林のほとんどを地域の有力者の私有地や，農民の共有地として払い下げたのだ．多くの藩の藩有林が，官民有区分事業を経て国有林に組み込まれていくことになったなかで，阿波藩のこの決定が，全国でも屈指の民有林地帯が形成されていく基礎となった．

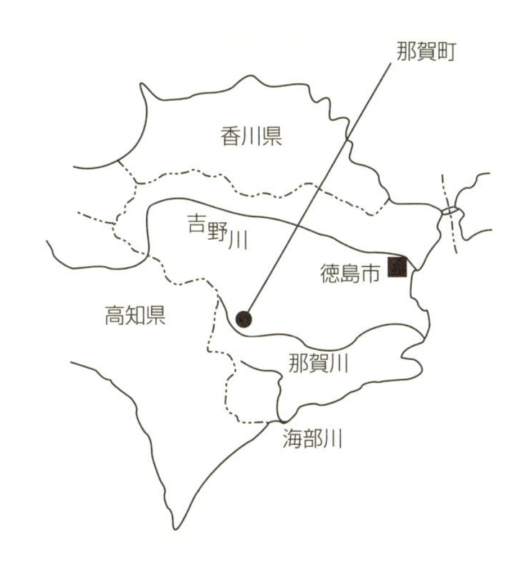

今日のこの地域の森林所有の状況を概観してみても，こうした民間業者による森林の集積が積極的に進められてきた様子がうかがえる．例えば徳島県が作成した『平成13年度版みどりの要覧』によれば，この地域では，わずか0.2％にすぎない100へ

クタール以上の森林を所有する，いわゆる「大山林地主」が，全体のおよそ2割の森林を所有し，また所有面積で上位10%の地主が，全体のおよそ3分の1の森林を所有している．そして，TSの結成にかかわってきた森林所有者たちも，こうした「大山林地主」と呼ばれる林家の系譜に属する人びとであった．

(2) 対立と競争の歴史

こうして形づくられた民有林地帯では，明治・大正期の都市建設や度重なる戦争によって発生した膨大な木材需要を背景として，所有者のあいだで林地獲得をめぐる激しい対立と競争が生じていくことになる．

那賀川，海部川上流域では，20世紀に入る頃から林地の売買が活発化し，広大な林地が，数軒のきわめて限られた所有者へと集中していくことになった．こうした中で，村外に暮らす人びとの林地の拡大も目につくようになり，1890年の段階で村外所有者が所有する面積は，およそ2割にすぎなかったものが，明治末には3分の2を超える事態となった．その一方で，人工林経営への転換も進み，天然林材の枯渇とともに，1920年代には伐り出される木材の半分以上を，スギを中心とした人工林から伐り出された木材が占めるようになる．そして，森林を売却した山村住民の多くは，植林や伐採などを担う労働力として人工林経営に組み込まれていくことになった．

こうした林地獲得をめぐる競争のきっかけとなったのが，1892（明治25）年7月，木頭地方を襲った暴風雨によって引き起こされた高磯山の崩壊である[4)]．これによって，当時の木材の唯一の輸送手段だった那賀川での流送が停止する事態となった．そして，この流送路の停止に対して，それまで流送を組織してきた上流域の森林所有者や伐出業者は，資金不足から修復工事に着手することができず，代わって工事にあたったのが，上流から送られる木材を買い取ってきた那賀川下流の商人層であった．こうした人びとは，河川の改修をきっかけとして，積極的に森林を買い集め，製材業にも進出するようになる．さらに河川改修者という立場を行使して，流送を組織し，自らの森林から伐り出した木材だけでなく，やがて山元の所有者たちの原木の買取価格についても決定権を持つようになっていった．そうして安価で大量の木材が下流に集まってくるようになるなかで，製材工場でも高性能機械を導入して規模拡大を図る動きが活発化し，木頭地方は，手頃な値段の製材品の一大供給地として，新たに地位を確立していくことになる．

そして，森林開発公団が実施する那賀川上流，剣山周辺における林道開発が本格化し[5)]，流送が消滅した戦後になると，今度は山元の森林所有者が中心となって下流の小松島市内に原木市を開くことになった．「市」を設けることによって，新たな木材の流通経路を創出するとともに，「市」が下流の業者と競って立木を買付け，下流の製材業に握られていた価格の決定権を幅広い業者が参画可能な「市」に移して，山元に還流する収益を引き上げるねらいがあったとされる[6)]．

TSに参画した5人の森林所有者たちは，いずれも20世紀に入る頃からこの地域で林地の集積を積極的に進めてきた大規模林家の系譜に属する．そのうち2人は，那賀川上流域で林業に従事してきた系譜に属する所有者であり，2人は那賀川下流の商人層の系譜に属する所有者，1人は海部川流域の商人層の系譜に属する所有者である[7)]．TSの結成は，そうした林地の獲得や木材価格の決定権をめぐる対立や競争の歴史を乗り越えていくかたちで進められた．以下では，森林所有者の危機への対応が，こうしてTSという住宅用材の新しい供給グループを生み出し，それを足がかりにして新たな木材売買のネットワークが生起していくまでの過程について，詳しくみていくことにしよう．

3 「近くの山の木で家をつくる運動」の形成

(1) 販路を失っていく林業

それまで互いに競争関係にあった林家の系譜に属する5人の森林所有者が結びついていくきっかけをつくったのが，1975年に，県内の林家の後継者たちを結集するかたちで結成された《徳島県林業クラブ青年部（以下，《青年部》と呼ぶ）》

である.

結成当初から《青年部》は，流域の違いもあってそれまで目立った取引関係がなかった県北地域へのスギの供給拡大を目指して，施工業者や徳島県の職員を招いて定期的に勉強会を開いていた．しかしそこで聞かされたのは，強度不足をはじめ，施工業者のスギへの不信感であり，80年代に入り，円高が加速し，製材品輸入が本格化して木材価格が目に見えて下降していくなか，販路開拓のきっかけすらつかめずにいた[8)].

《青年部》のあいだでは，このような事態を招いた責任の一端が，それまで，伸び続ける木材需要を背景に，品質管理が不徹底でも木材が相応の価格で売れていたことに慢心していた森林所有者の側にあることを自覚しつつも，一方で県南地域では，スギの並材が構造材として広く用いられ，しかも施工から100年以上を経過しても人が住み続けている住宅が存在することが知られていた．そうしたなかで，徳島県木材協同組合連合会が主催するモデルハウス事業に木材を供給したり，東京で産直住宅を実践する設計士に会うなどして，単独で状況の打開を試みる所有者も現れたが，スギの強度に対する施工業者の不信感が販路開拓を妨げる状況が続いていた.

以下では，この《青年部》の取り組みからTS結成に至る約15年間の取り組みに焦点をあてて，森林所有者の対応が「近くの山の木で家をつくる運動」として立ち上がってくる過程を，（1）施業方式の変更，（2）供給経路の組み替えの２点から概観し，そのうえで，この試みが現代日本の木材市場に対して提起した問題を明らかにするとともに，森林の危機の内実について，改めて整理してみたい.

(2)　森林経営の伝統回帰

「とにかく，スギの強さを知ってもらいたい」ということで，《青年部》がまず取り組んだのが，スギの実大強度試験だった．1983年６月，のちにやがてTSの結成に中心的にかかわっていくことになる那賀川上流域，旧木頭村に森林を所有する経営者[9]が，茨城県にあった当時の国立林業試験場（現：森林総合研究所）を訪問した際に，通常の強度測定が，育った環境や生長に要した時間によるばらつきを抑えるために３センチ四方の木片を破壊して計測するものであることを知った．しかし，《青年部》が知りたかったのは，スギ一般の強度ではなく，徳島県南で生長したスギの強度である．そこで提案されたのが，実大の丸太を用いた実大強度試験だった．実大試験は，信頼性の高いデータを得るためにおよそ2000本もの木材を必要としていたため，試験場でもそれまでは行われてこなかったが，似通った環境条件のもとで育った木材であれば，必要な試験体は124本と算出され，試験実施の可能性は広がった．

ただ，この試験の結果は，徳島のスギ全体の評価に影響を与えかねないだけに，話を持ち帰っても，仮に結果が思わしくなかった場合を懸念して，実施に否定的な意見も少なくなかったという．しかし，住宅施工の現場で，供給したスギ材が信用を失っている実態を知る《青年部》は，試験に使用する木材の費用について県の助成を受ける目途を立て，試験実施に踏み切っていくことになる．

1984年４月，市に出ていたメンバー[10]の森林から出材された60～70年生の丸太を試験材料に選んで，選別，製材したうえで，10トントラックで国立林業試験場に運び，一夏をかけて乾燥させて，秋から実験に入った．およそ半年後に出た試験結果は，当初の予想を上回り，《青年部》が提供した木材は，強度の面では他の木材に劣らないことが証明された．ただ一方で乾燥が不十分な場合，必要な強度が得られないことも明らかとなり，以後《青年部》は，メンバーのあいだで試験費用や試験に用いる木材を工面しあいながら，乾燥に要する時間や乾燥の方法と木材に含まれる水分量の変動との関係を解明する試験を，県内の試験場を利用して共同で実施し，数多くの成果をあげていくことになる．

なかでも代表的な取り組みが，「葉枯らし乾燥」と呼ばれる乾燥方法に適した伐採時期を探り当てるための「伐り旬」の解明である．「葉枯らし乾燥」は，伐倒後，枝をつけたまま数カ月，山の斜面に寝かせて水分を蒸発させる乾燥方法で，かつて出材のプロセスの多くを人力に依存していた時代には，木材の軽量化のために全国的に広く行われていた．当時，流通の過程で木材の色艶が落ち，それが買いたたきを受ける一因となっており，この「葉枯らし乾燥」が木材の軽量化だけでなく，色艶を保つ効果があることを現場の作業員から耳にし，実践に移していたのである．

試験の結果は，木が水を強く吸い上げる春から夏にかけて伐採を抑える伝統的な伐り旬に沿って伐採し，2～4カ月乾燥することで，水分量がおよそ3分の1まで下がることを示していた．しかし，住宅用材として販売するためには，さらにその3分の1程度まで水分量を下げることが必要で，「葉枯らし乾燥」後に一度製材した木材を再び積み上げて風に当てる「桟積み」を行うことにした．こうしてさらに3カ月程度を乾燥に費やし，ようやく住宅用材として十分な強度が得られることが確認された．

それゆえ，伐り出した木材のなかで「TS材」として供給されているのは，次の5つの条件を満たす製品に限られている．

（1）徳島県南の雨量の多いスギの適地で育った60年生以上のスギであること．
（2）切り旬を守って，枝葉を付けたまま山側に寝かすように倒したもの．
（3）材の内部の水分分布を均一にする葉枯らし乾燥を山で2～4カ月間行ったもの．
（4）土場で柱，梁および板材に適した木を注文書に合わせて選木し，後の狂いを考慮に入れて製材をしたもの．
（5）製材後，材厚，用途に合わせてすばやく桟積を行ったもの．

今日のTSの活動を支えているのは，一面では，こうしたひとつひとつの試験の成果であり，森林所有者は，こうした試験結果を得たことで，確信をもって育林を組織していくことができるようになった．例えば，実大試験のきっかけをつくった先の所有者は，先代から経営を引き継いだ当初は，学生時代に学んだ無節材の生産を中心に据えた森林経営を目指したこともあったというが，試験実施後は所有するおよそ500ヘクタールの山林から，70年生以上の木材を，毎年約7ヘクタールを伐採する，この地域で伝統的な長伐期の森林経営の形態に回帰していくことになる．

ただ，こうした経営方針の転換は，すでに確立されていた施業体系の見直しにつながっていくだけに，従業員にとっては業務の大幅な切り替えをともなうことにならざるをえない．それでも経営者の決定が受け入れられたひとつの要因としては，この間，それまで泊まり込みが中心だった業務をバス通勤に改めたり，また作業員を社員化したりして社会保険への加入を進めるなど，雇用環境の改善を図ってきたことが挙げられる．

しかし，木材の強度が科学的に検証され，育林の体制が整備されれば，自ずと販売が拡大していくというほど話は簡単ではなかった．実大試験に入る段階で，木材供給そのものの見直しにも着手し，それがやがて，TSという新たな供給グループの結成へとつながっていくことになる．

(3)　供給経路の組み替え

そのはじまりは，先の強度試験の必要性を《青年部》に訴えかけ，実大試験に中心的にかかわってきた所有者が，「木造住宅：その可能性に向けて」と題した特集が組まれた建築専門雑誌『住宅建築』1983年7月号を目にしたことであった．そのなかで，東京を拠点に数多くの木造建築を手がけてきた設計士が，〈民家型構法〉という，「長寿命化，森林資源管理など，住宅の社会財としての条件を備えた構法」を提案していた．この設計士との出会いがきっかけとなって，その後，互いの作業現場を行き来しながら交流を重ねていくなかで，「外材にたよらず，地域材で伝統的な仕口，継手を合理的に採用しながら，しかも骨太な架構体をつくることによって内部空間の自由度を高める，という日本の民家に込められているこうした大切な知恵をもっと現代に生かすべきだ」［建築思潮研究所編 2002：10］という立場に立って，並材を余すところなく用いて建てられるこの〈民家型構法〉に，この所有者は次第に確信を抱くようになる．

この確信の背景には，次のような経験があった．すなわち，当時の住宅建築では，「大壁造り」と呼ばれる木材を壁で覆う施工が主流になりつつあった．梁は壁で覆われ，完成した住宅ではまったく見えない状態で，これではいくら森林所有者が選りすぐりの木材を供給しても，施工の段階で別の森林から供給された木材と混ざるのではないかと，日ごろから疑問を抱いていた．

それに対して〈民家型構法〉は，熟練の大工が，施工後に生じる反りや狂いを計算に入れて一本一本，木に墨を付け，刻み，部材を組み上げていく．「真壁造り」と呼ばれる梁や柱を剥き出しにした，伝統的な施工が特徴だった（図6-1）．そしてこの〈民家型構法〉への木材供給を契機に，この経営者は自宅を〈民家型構法〉で施工する一方，この新たな売買のネットワークを長期的に維持し，拡張していくためには，木材を供給する側が，育林のパターンを改めるだけでなく，製材品の規格化や，また一度に納品する木材の量や，納品のタイミングを習得することが必要だと自覚するようになっていった．

だが，これらを単独で行っている限り，売買のネットワークの拡張は困難だったと思われる．単独では，年間を通してまとまった量の木材を確保できず，供給が滞る可能性があったからである．新たな取引相手は，発注伝票１枚でやり

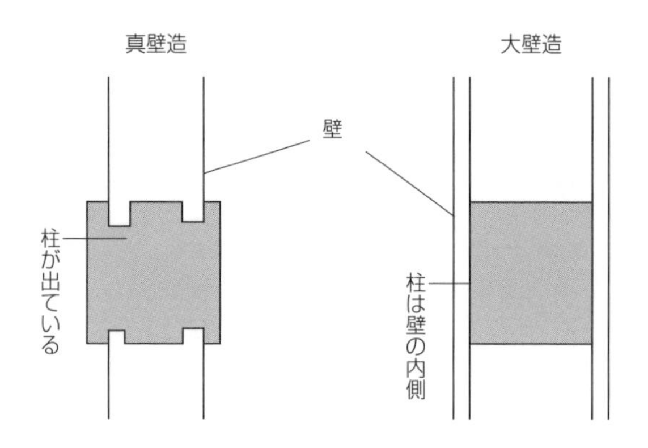

図 6-1　真壁と大壁

出所）丹呉・和田［1998：11］の図をもとに筆者が作成.

取りしてきた馴染みの業者でも，最終的に木材を入手する業者が見えない木材市場でもない．それまで取引関係がなかった施工業者とのあいだで新たな売買のネットワークを築き，さらにそれを拡張していこうというときには，何よりも供給の停滞を防ぎ，かつ適材適所に良質な素材を手配することが要求される．そのためには，つねに一定量の在庫を確保し，品質を厳格に管理する供給組織を確立していくことが不可欠だった．そしてここで，実大試験以来，さまざまな試験を共同で実施し，数多くの成果を残してきた《青年部》のネットワークが再活用される．TSを立ち上げ，既存のネットワークを新たな木材供給の担い手として組み込むことで，取引相手からの要求に着実に応えつつ，売買のネットワークを強化しようとしたのである．

TSでは，常時丸太と製材品各３棟分の木材を確保し，規格化された木材を，ほぼ年間を通して滞りなく供給できる体制を整えている．５人の森林経営者が結集することによって，生産面積が拡大し，供給が停止する時期が狭まったうえ製材工場も構える経営者の敷地内に木材を一定の湿度を保ちながら保管するストックヤードや，板材の仕上げ加工専用の機械をそれぞれ設置し，良質な製品の安定的な管理，供給が可能になった．また1997年には，徳島県の住宅供給公社の分譲団地内にモデルハウスを新築し，さらに毎年春には植林ツアー，秋には伐採ツアーを実施して，県内だけでなく，広く全国から訪れる人びとをこのモデルハウスや製材工場，林業の現場に案内する取り組みを続けてきた．

こうして，激しい競争や対立を経験した過去を乗り越えるかたちで供給グループとしての結束が図られるなかで，TSが供給する木材は，それまでさまざまな木材が混在する原木市や材木店から集めると，時には乾燥が不十分な木材を「つかまされ」て，施工の現場で苦労を背負い込むこともあった施工業者の強い信頼を獲得していく[11]．TSの販売網は，徳島県内だけでなく近畿，東海，さらに関東圏まで徐々に広がり，そうした新たな取引関係は他の地域で同様の取り組みを実践するグループとの接点を生み出し，それがやがて「近くの山の木で家をつくる運動」という，全国的な取り組みの立ち上げへとつながっていった.[12] TSの立ち上げに至る過程からは，価格競争が激しさを増すなかで，信頼関係や協力関係を前提とする木材売買のネットワークを再構築しつつ，同時に供給の合理化を進め，時代の変化に適応していこうとする森林所有者たちの戦略が見えてくる.[13]

(4) 森林経営の社会的基礎

では，こうした試みは，森林所有者にとって危機がいかなる意味で危機だったことを示しているのだろうか．換言すれば，危機への対応が「近くの山の木で家をつくる運動」へと向かったことは，いかなる事態と連動しているのだろうか．この点について，前章までの検討から得られた知見をふまえつつ，改めて整理していこう．

森林所有者の対応が，ポケットマネーで木材の強度を検証し，自然乾燥させた並材を既存のマーケットの外部に，しかもそれを平均的な木材の5倍を上回る価格で流通させるという形で具体化していった過程はすでに見たが，少なくともそれは，少しでも手持ちの木材を高く売りたいという意欲だけに支えられたものではなかった．木材価格が1980年代のおよそ1割程度にまで下落し，危機的状況がいっそう深刻なものになったのも事実であろうが，それだけでは，伝統的な育林方式に回帰しつつ，売買のネットワークを組み替え，その消滅を回避することをとにかく第一に考えて試行錯誤を繰り返してきた彼らの危機感を説明したことにならない．彼らにとっていったい何が危機だったのか．1995年8月のTSの結成に合わせて寄せられた初代理事長の宣言[14]には次のように書かれている．

> 1995年吉日，徳島県にて，本物の木にこだわり，それを追求する仲間が「TS（徳島杉）ウッドハウス協同組合」の旗揚げを決行した．その前身は徳島林業クラブ青年部であり，徳島県庁の参画のもと，20数年前より木材の研究を重ねてきた．国産材は外材に押され低迷の一途をたどる中，われわれ専

業林業家は人件費の高騰もあって，次代の経営が危ぶまれる今日である．今こそ独自に行ってきた数々の現場での試験をお金に代え，山に戻すことによって林業を守り，次代への布石にしようと，それぞれの会員が熱い思いを胸に秘めて発足した．

……（略）……

われわれTSウッドハウス協同組合は木材の根本を科学的にデータ化し，売り上げを少しでも多くして山へ還元することによって地球を守り，山を守り続けている．山での害虫，白アリ，タイコ引き，丸太試験等，日本の林業史に残る資料をつくりあげてきた．幸い会員の息子がそれぞれ近い将来，後継者として巣立とうとしている今，少々白髪頭のわれわれ親父たちは橋渡し役として蓄積してきた力を発揮し，いつの時代にも変わらぬ，こだわりの本物の材を目指し，継承しつつある．

ここからは，森林経営の伝統回帰が，「売り上げ」を「山に戻す」ことももちろん重要だったが，まずは何よりも安定した経営の「橋渡し」，つまり後継世代への継承を強く意識した取り組みだったことを読み取ることができる．TSに参画する所有者たちのあいだでしばしば自ら設けた伐採周期に言及しつつ，「70年かけて育てたものだから，70年は使ってもらいたいんだ」[15]という言葉が聞かれるのも，森林経営が，このような世代間関係のなかに埋め込まれているがゆえであろう．そして，TSの結成に至る森林所有者の対応は，このように，長期的に経営を維持していくために，いかに過剰生産とそれによって生じる過当競争を抑制していくかという思考に制約されてきた点で，この間の製材業者の典型的な対応とは鋭く対立しているように思われる．

製材品輸入の急激な拡大を皮切りに，製材業者のあいだで展開したのは，大型の加工機械の導入，そしてKD材や集成材への転換という一連の製材加工技術の革新だった．こうした動きは，一見すると，乾燥の甘さから強度が安定せず，しかも不均質という従来の国産材の欠点を解消し，林業の低迷を打開する新たな活路を示しているかに見える．しかし，木材売買のネットワークの成り立ちという観点から見れば，むしろ木材取引の短期性，あるいは単発性がいっそう高まったといえるのではないだろうか．新たな市場の創出によって，林業と製材業，施工業との関係はますます分断され，森林所有者は，長期的に安定した売買のネットワークを失っていくことになったのである．

新しいタイプの木材市場に組み込まれた製材業者は，価格競争への対応として大規模化，効率化を図るほど，自らの専門的に隔てられた役割の範囲のなかでの製品生産の効率化，品質管理の徹底に固執し，より安価な木材を大量に求めていくようになる．それにより流通経路は肥大化し，伝統的な細く網の目のように張り巡らされた流通網は淘汰が進む．大量の木材資源を持続的に投げ入れなければ存続しえない流通網の形成が急速に進み，木材の投入が少しでも滞れば，産業全体の存続が危険に曝される恐れがますます大きくなる．

このようななかで林業が収益を確保しようとすれば，伐採の抑制はもはや危機を打開する効果的な対応にはならない．価格競争が激しくなればなるほど，「売り上げ」を「山に戻す」ことはますます難しくなり，短期的な利益を確保するために，行き過ぎた伐採が起こりやすくなる．とりわけ第二次世界大戦中の強制伐採を経験し，戦後になって植林された木が大部分を占めるような森林所有者は，こうした買いたたきを甘受する以外にない状況に置かれてくことになったのである．

TS立ち上げに向けた経営者たちによる新たな市場の創出の試みは，このように，林業が製材業や施工業から切り離され，木材生産に抑制が効かなくなって，後継世代への経営の継承すら不確かな状況に直面したことに対する深刻な危機感に動機づけられていると考えられる．木材市場をコントロールする新たな占有集団の出現によって，「次代の経営が危ぶまれ」る状況を察知した森林所有者たちは，経営を長期的に継続していくために結束し，取引相手からのさまざまな要求に応えながら，「売り上げ」を確実に「山に戻」そうと試みていた．資金や施設の面で行政からさまざまな支援を引き出す一方で，木材売買のネットワークを再構築しながら経営の伝統回帰を図っていった森林所有者の一連の取り組みのねらいは，市場の転換が進行していく中で次第に危機への対応力を失った現状の木材マーケットの抜本的なリストラクチャリングにあったのである.

4 ローカル・マーケットを呼び戻す

(1) 市場の埋め戻し

「近くの山の木で家をつくる運動」は，伝統的な育林体系や施工の現場に多くのことを学び，それらを，森林経営の存続を図るうえで不可欠なものとして位置づけるかたちで木材市場を改めて組織化していこうと試みていた.それは，伝統的な育林パターンや木材業界に対する批判的な介入の上に成り立つ新たな木材市場とは，対極的な市場創出の試みであり，そのことがまた，林業にとってローカルな売買のネットワークを失うことがいかに切実な事態だったのかを物語っている.

そもそも，森林から伐り出される木材は，林業とそれに連なるさまざまな業者との信頼関係や協力関係を前提にした緊密な連携がとれていなければ，うまく買い手まで届かないし，造林の周期性が崩れ，育林の存続自体が危うくなる.もともと日本の森林経営は，そうした木材売買のネットワークを発達させることで，限度を超えた伐採に陥る事態を防ぎながら，育林を持続的なものにしてきた．しかし，製材品輸入の拡大とともに木材の買いたたきが常態化し，製材業や施工業が林業と協調して危機に対処していく動機づけは失われていくなかで，そのような伝統的なネットワークは急速に淘汰されていくことになった.局所的に生じた相互関係を基礎に市場を発達させることで，過度な価格競争に陥ることを防いできた林業にとって，従来の結合が危機を解消するうえで意味を持たなくなっていく状況は，価格変動以上に大きなインパクトとして受け止められたのではないだろうか.

危機に協調して対処していく動機づけが失われていくなかで，森林所有者の結集を図りつつ，自らが価格を固定するかたちで新たな販路を切り開いていくことになったのも，現状の木材市場がそうして森林に安定的に収益を還流させる機能を失っているからこそ生じた試みだといえる．かつて経験したことのない危機的状況に直面した森林所有者たちが，ローカルな文脈から切り離されつつあった木材市場を，局所的な相互関係の構築を基礎にした社会過程に埋め戻すことで，市場を，林業，製材業，施工業それぞれの生産・供給能力の限界に沿うかたちで改めて組織し，安定的にリターンを生みだす回路を新たに確保していこうと試みていったのは，ごく自然な選択だった．

しかし，市場を「埋め戻す」といっても，それは，当事者が危機感さえ共有すれば，予定調和的に合意が得られるほど容易なプロセスではない．木材市場がローカルな文脈から切り離されていくプロセスは，それが製材業と林業とのあいだに亀裂を生み，業界を分断していくプロセスでもあったから，単純に元の状態に戻すというわけにはいかないのである．実際，TSの結成に至る「近くの山の木で家をつくる運動」の形成は，希薄化した関係の再構築を模索するのではなく，それまで地域のなかではタブー視されることもあった林業と製材業，木材業との固定的な取引関係を飛び越えることから得られた新たな出会いを足がかりとして，供給の安定や品質の確保の要求などをめぐって生じる緊張関係を相互の利益を確保しながら乗り越えていく過程であった．そしてそれはまた，森林所有者自身が，そうして複雑な社会過程の只中に身を置いていくことを意味してもいた．

(2) 「近くの山の木で家をつくる運動」の多様な展開

新たな市場が生起するプロセスは，多かれ少なかれ，こうして参画する人びとの個別の要求や主張に沿うかたちで難題をひとつひとつ処理していく「巧妙な仕事（tricky task）」に規定される面をもつ［Fligstein and McAdam 2012：15］．そして，このようにしてそれまで結びつきのなかった人びとのあいだを橋渡しし，また利害対立が生じた人びとのあいだに分け入って調整を図る人びとによって生み出される社会過程が，市場のパフォーマンスを規定するとともに，その市場を特徴づけていく．

とりわけ，大手住宅メーカーのような供給能力を確保しているわけでもなく，また政策的な後ろ盾を十分に得ることができなかった「近くの山の木で家をつくる運動」の場合，品質のバラつきや供給の零細性といった既存の市場が抱える問題を取り除き，信頼を築いていくうえでは，こうした機知に富む人物による「巧妙な仕事」に依存するところが大きくなりがちである．TSの結成に至る経営者たちの対応からも，そうした森林所有者の側の努力も含めて，取引にかかわる人びとのあいだを頻繁に行き来しながら，さまざまな課題をひとつひとつ互いが納得いくかたちで解決していくなかから販路が確立されていく様子を見てとることができた．

TSの活動は，地域材活用の先進例として，建築専門雑誌を中心にしてさまざまなメディアで取り上げられ，TSをモデルとした新たな販路開拓も各地で模索されるようになる．しかし，この試みがこうした「巧妙な仕事」に頼る部分が大きかったがゆえに，かえって対立を生んだり，頓挫してしまうケースも相次ぐことになった．それでもやがて，そうした個別に生じる困難を克服するかたちで，新たな売買のネットワークを生み出し，森林へのリターンを確保していくケースも見られるようになる．「近くの山の木で家をつくる運動」は，木材市場をローカルな文脈に埋め戻し，それを足がかりとして販路を再構築していくという点ではTSと共通する方向性を示しつつも，それぞれの地域の製材業，施工業とのあいだで生じた新たな取引の機会をきっかけにした複雑な社会過程の影響を受けながら，多様な形態をとって広がりを見せることになるのである．

次の章では，このような試みのなかから，ローカルな木材売買のネットワークの再構築の取り組みが，新しく市場を創るというよりもむしろ，既存の市場の修復ともいうべき方向に向かっていくことになった兵庫県下における試みを紹介することにしたい．そうすることで，「近くの山の木で家をつくる運動」の多様な展開の一端に触れるとともに，森林問題をめぐって，市場の埋め戻しが広く試みられていることの今日的な意味について，改めて考えてみたいと思う．

注

1）本章の検討は，主に2001年から2003年にかけて行った徳島県下の森林所有者に対する調査の結果がもとになっている．その際，筆者は毎月東京で開催される《職人がつくる木の家ネット》の運営会議に2001年９月の第１回から出席し，そこで徳島県の森林所有者C氏と知り合い，2002年３月，６月，11月に徳島を訪れて，関係者への聞き取りや資料の収集を行った．聞き取りや会議の場への出席を許可いただいた皆様に感謝したい．また《TSウッドハウス協同組合》については，結成にかかわったメンバー自身による著作も既に刊行されており［丹呉・和田 1997，長谷川・和田・村田 1996］，これらも参照した．《職人がつくる木の家ネット》は，家づくりに関わる「つくり手（設計士，大工，左官，森林所有者など）」と「住まい手」とを結ぶ「つくり手」によるWebサイト（http://kino-ie.net/index.php）である．発足の背景にある問題関心や立ち上げの経緯については，松井［2004］や松井［2008］に詳しい．なお，本章の第３節以降は，大倉［2006］がもとになっている．

2）この点は，すぐ後に触れる「産直住宅」における林業側の取り組みとTSとのひとつの大きな違いがあったようである．例えば，TSの木材を使う設計士は，「僕らがどこかの産直で木材を買おうと思ったとき，普通は産地が協同組合をつくっていて，製材屋さんがそこの原産地の丸太を買って挽いて，それを大量に出すという格好がほとんどですね．産地の加工によって柱なら柱だけとっている所もあるし，板なら板だけとっている所もある」と述べたうえで，TSのように１棟分の木材をすべて揃えることを基本としているのは「非常に珍しいもので，ある建築材を頼もうと思うと，……（略）……林業家がそれに合った木を捜してくれて，それを製材屋さんに持って行って，手づくり的によい寸法のところを取ってくれる．こういうケースは珍しい．ちょっとないですね」と指摘している［長谷川・和田・村田 1966：99］．

3）なお，那賀川，海部川流域における林業の歴史については，徳島県が編集した『徳島県林業史』を参照している．

4）このとき那賀川を埋め尽くした土砂は400万m^{3}にのぼるとされ，それによって形成された天然ダムが２日後に決壊し，流域に大規模な洪水被害を引き起こしたとされる．

5）1956年に設立された「森林開発公団」は，奈良県，和歌山県，三重県にまたがる熊野川流域と並んで那賀川流域の剣山周辺地区を，当時「奥地林開発」と呼ばれたプロジェクトの「第１期事業地域」に指定した．この突然の資金投入によって，林道の延伸が一挙に進展した．木材価格の高騰が続く中，総額８億円に及ぶこの事業によって，約１万6000ヘクタールの天然林の伐採が新たに可能となったことから，60年代後半にかけてこの地域からの急激に伐出が増加していくことになった．

6）実際，この「原木市」の株主は山元の森林所有者に限られ，また市売会社の発起人は那賀川上流ないし海部川流域の森林組合の幹部たちで占められ，下流の製材業者たちは，同じ大規模森林所有者でありながら，株主として参画していなかった［北尾 1968：202］．

7）5人の経営者の構成は次の通りである．海部川流域で森林を経営するTSの初代理事長A氏，那賀川下流域の商人層の系譜に属し，那賀川上流域に森林を所有しながら下流の阿南市に製材工場を構え，TSではストックヤードの管理も担うB氏，那賀川上流域の山元地主層の系譜に属し，那賀町（旧木頭村）に森林を所有し，森林経営を営むC氏，同じく那賀川上流域の山元地主層の系譜に属し，那賀町（旧木沢村）に森林を所有し，森林経営を営むD氏，那賀川下流域の商人層の系譜に属し，那賀川上流域に森林を所有しながら下流の阿南市に製材工場を構え，TSでは板材の仕上げ加工も担うE氏．TSが1棟分の木材をすべて揃え，安定供給することを可能にしているのは，こうした育林から製材，ストックまでの工程を担うことを可能にするだけの森林所有者の参画によるものである．

8）この強度不足のひとつの根拠が当時の「建築基準法第95条」で，「強度試験の結果」として，強度が高い順に「あかまつ，くろまつ及びべいまつ」，「からまつ，ひば，ひのき及びべいひ」，「つが及びべいつが」，「もみ，えぞまつ，とどまつ，べにまつ，すぎ，べいすぎ及びスプルース」とグルーピングされていた．

9）C氏である．C氏は，経営を引き継ぐ以前は，帰省で徳島を訪れる以外，ほとんどの歳月を東京で過ごし，大学を卒業して林学科での研究生生活を送った後，徳島に定着して事業を継承していた．

10）試験の実施にあたっては，D氏の木材が選ばれ運び込まれた．

11）『住宅建築』1996年7月号，「徳島杉とのネットワーク」に収録の「《座談会》民家型構法の精神を受け継ぐ」での大工棟梁による次の発言を参照．「Cさんのところの木は乾燥まできちんとやってくれるから，木の一次加工である直角をキチッと出して木づくりすれば，後はすべて曲尺でいけるんですよ」，「とにかくCさんと出会う以前は本当に大変だった．木口がじっとりぬれた木が来て色も何もバラバラ」．

12）こうした森林所有者，設計士，施工業者の全国的な連帯の動きがTSの発足，販路拡大と密接にかかわっている．そうしたネットワークから立ち上がっていった全国組織として「NPO法人 緑の列島ネットワーク」がある．詳細は，緑の列島ネットワーク［2000；2004］を参照．

13）ただ，このようにして安定した木材の供給体制が整ってもなお，メンバーの危機感が消えたわけではなかった．TS材の生産は，参画する業者それぞれの年間生産量の3割程度であり，TS結成後も，シロアリに対する強さの指標となる耐蟻性や，木造住宅の耐震性の測定にも着手するなど，販売拡大のための努力は継続している．

14）注11）と同じ特集記事に海部川流域で森林を所有するA氏が寄せた「なぜ今，TSウッドハウスなのか」より．なおA氏は，発足時から《青年部》の会長も務めた人物でもある．

15）2001年12月5日，《職人がつくる木の家ネット》の「運営委員会」におけるC氏の発言．

第7章 ローカル・マーケットの修復による森林再生
——兵庫県「かみ・裏山からの家づくり」の試みから——

1 「近くの山の木で家をつくる運動」の伝播

(1) 木材売買とは無縁の森林所有者たち

一言で森林所有者といっても，その実態はきわめて多様である．先に見た徳島の森林所有者のような専業林家はむしろ例外的な存在で，生活の拠点は山村に置きながら都市部に通勤し，森林とかかわる機会が限られている所有者や，またもともと森林から離れた地域で生まれ育ち，生活上，森林とかかわりが絶っている所有者も多く，不在化も進行している．スギ・ヒノキを中心に植林された森林を相続で引き継いだものの，日々の生活の中でそうした森林が顧みられる機会がそう多くはないのが実状であり，ましてや，育林の費用を調達していくために所有者間のコミュニケーションを図って木材の売買や搬出のための林道の整備について相談を進める機運自体が生まれにくい状況である．

森林所有者の大多数を占めるこうした人びとに共通するのは，木材売買の機会が日常のなかになかった，あるいはあったとしても一過的だったという点である．

こうした地域の森林の多くは，もともと薪炭生産が中心で，拡大造林政策を足がかりにして針葉樹林の植林を行ってきた地域である．もともと村の山を全面的に造林し，木材を育成し販売するという周期を築くだけの資力がなく，戦後になって木材価格が上昇する中で，行政の補助を積極的に引き入れながら植林を進めてきた．そこには，伝統的な林業地に見られたような製材業とのあいだでの安定した売買のネットワークが発達するケースは稀で，大規模な取引が成立したとしても，外部資本による買いたたきや過剰な伐採を止めることができず，結果的に森林を失うことも少なくなかったといわれる[1]．

近年，こうした地域の森林でも，森林に対する関心は失われ，管理が放棄された森林も目立つようになった．その結果，最近では，自己の所有する森林の境界さえ曖昧になっていて，隣接する土地の木を伐採してトラブルになったり，容易に管理や整備に入ることすらできない状況になっているとも言われている．「境界から１メートル手前は植えてはいけない」という姿勢で争いが生じることを未然に防いできた所有者もいるものの，多くの林地がぎりぎりまで植林されていて，いざ木材を売ろうとしても，どこから手を付けたらよいかわからない所有者も少なくない．

また，こうした地域では今日，所有者の高齢化も深刻で，森林の管理については「これからは行政に」という言葉が相次いで発せられる一方で，手入れが不足している状況は承知しつつも，「採算が取れない以上，手はつけない」という所有者の声もしばしば聞かれるようになっていて，管理放棄が進んでいることもうかがわれる[2]．こうした森林所有者の場合，建築用材として販売可能な木材が限られるうえ，販売の経験がないぶん実際に売れる木がどれだけあるかを把握することすら困難である．そして，「TSウッドハウス協同組合」がその先駆けとなった「近くの山の木で家をつくる運動」は，2000年を過ぎる頃になると，こうした規模や販路，育林に関する知識や労働力といった，森林を経営するという点で必要不可欠な資源を十分に持たない人びとのあいだにも広く伝播していくことになった．

(2)　入会林を舞台にした「近くの山の木で家をつくる運動」

これから取り上げていく「かみ・裏山からの家づくり」の試みは，そうした市場とのかかわりが希薄で木材売買の経験がほとんどなかった兵庫県の共有林の権利者が積極的にかかわりながら立ちあがっていった「近くの山の木で家をつくる運動」である．

しばしば入会林野と呼ばれる日本における共有林の歴史は，森林利用の歴史とともに古く，かつての集落，あるいは自然村を基本単位として形成され，地域で暮らす人びとが権利者となって，利用・管理にあたってきた．ここでいう管理は，森林の状態の維持にとどまるものでなく，地域外からの入山者のチェックから，定期的な作業に参加しない権利者からの「出不足金」の徴収に至るまで，権利者の幅広い関与によって支えられてきたもので，それだけ利用規制も極めて厳格に行われてきた地域が少なくない．

とくに戦前は，造林地を伐採して得た収益は，自治体の会計に直接補助充当される形をとるパターンが多くみられ，小中学校，役場，公民館など，地区の施設の建築費の助成にも木材売買の収益が充てられてきた．しかし，伐採して収益を得るといってもそれは，一過的な木材の売買にとどまるものがほとんどで，林業的に有利な経営の確立を模索する動きは総じて強くはなく，人工林経営の定着には程遠い状態が続いていた．

今日では，木材価格が上昇を続けていた時期と比べると出役の機会も減少し，また多くの権利者が集落から離れた職場に通うケースが大半を占めるようになり，実際に山林に立ち入る人もごく限られてきている．そのぶん，権利者ではあっても「役員ではないので山のことはよくわからない」とか，あるいは「管理が行き届いているかどうかわからない」という権利者も増えつつある．

本章では，こうした木材売買の経験が限られ，また今日，森林への関心が高いとはいえない人びとが積極的に関与して新たに木材売買のネットワークを組織し，木材の供給が立ち上がっていくまでの過程を取り上げて，「近くの山の木で家をつくる運動」のもつ含意について，前章の議論とも対比しながら，掘り下げて検討していくことにしたい．こうしたもともと市場との接点が限られる人びとが経験した出来事を振り返ることで，前章での検討とは異なる危機の一面が明確になるはずである．

2 丹治地区における造林事業の歴史と林業の現状

「かみ・裏山からの家づくり」は，2002年10月に兵庫県の加古川流域森林・林業活性化センターに置かれた「加古川流域森林資源活用検討協議会」が中心になって立ち上げた，立木販売の取り組みである．プロジェクトの名称は，木材を供給していくことになった丹治地区があった加美町（現・多可町加美区）からとっている．ここではまず，「かみ・裏山からの家づくり」の出発点となった丹治地区を中心とする旧加美町の林業の現状について概観しておきたい．

旧加美町の総面積8406ヘクタールのうち7137ヘクタールが森林で，総面積のおよそ85％を占めている．国有林はなく，そのうちスギ，ヒノキを主体とした人工林の面積は5423ヘクタールとなっており，人工林率は約76％である．

この地域では，今から約300年前から植林が行われてきたとされ，戦後の最盛期には町の産業収入の40％を占めたほどだったという．とくにヒノキは建築用材として評価が高く，兵庫県内の国宝の大規模な修繕事業でもしばしば用いられてきたとされる．

プロジェクトに参画した丹治地区は，旧加美町の北部に位置する戸数56戸の集落で，丹治地区が財産区として所有する森林（登記は「丹治組」）の面積は216.46ヘクタール，うち人工林の面積は152.69ヘクタールで人工林率は70％となっている．このうちヒノキが約116ヘクタール（76％）を占め，スギが18％，広葉樹が6％である．プロ

ジェクトを立ち上げた当時, 人工林の多くが40～60年生で, 伐期を迎えつつあった.

地区ではとりわけ明治以降, 大規模な植林が行われ, かつては学校や町へ伐採した立木を寄付していたこともあったという. 2000年を過ぎても年に3日程度, 権利者が総出で主に枝打ちを行っているというが, かつて植林が盛んだった時代は, 年に10日以上の作業日が設けられ, 地区には独自に山林係がおかれていたこともあるという[3)].

特筆すべきは, その整備状況である. 間伐については, いわゆる「切り捨て」がほとんど見られず, ヒノキを主体とする整備の行き届いた森林が続く. また, 兵庫県の職員によれば, 80年代半ばから積極的に整備を進めてきたという作業用の林道が山深くまで延び, その路網密度は兵庫県で最も整備が行き届いているとも言われる. また, 1999年からは5年間の計画で加美町の森林モデル団地に指定され, 間伐を中心とした森林整備, 作業道の整備が重点的に行われた. 各種の補助事業によって事業は順調に進み, 財産区で管理してきた木材を地区の人たちで選木, 伐採し, 地元の製材工場で製材し, 「丹治交流施設」を建設した.

ただこの地域は, 他の多くの財産区と同じように, 多くの権利者は地区外で仕事をもち, 収益を確保していくのに十分な売却ルートを持たないし, 知らないというのが実情であった. 木材価格が低迷する中, これまで住民総出での管理を続け, 伐期を迎えつつあるヒノキを中心とする木材の安定的な販売し, また引き続き育林の費用を安定的に確保していくうえでは多くの課題を抱えていた.

3 ローカル・マーケットの修復による森林再生
――「かみ・裏山からの家づくり」の展開[4]――

(1) 「かみ・裏山からの家づくり」の立ち上げ

こうして，これまで住民総出で管理を継続し，伐期を迎えつつあるヒノキを中心とする人工林材をどのように販売していくのか．森林モデル団地の事業を終えた後の山林をどのようにして管理していくのかという課題に直面していた丹治地区の森林でプロジェクトが立ち上がっていく契機となったのは，そうしたモデル団地事業にもかかわってきた兵庫県職員の発案だった．

2001年から丹治地区を訪れて，整備の行き届いた山林を実際に目にしていた当時の西脇森林整備事務所のひとりの職員が「ここならば,利益を出せるかも」と思い立ち，財産区の権利者に対する説明を重ねて，パイロット・プロジェクトとして立木販売の事業を新たに立ち上げることになった．この職員は，木材価格が長期的に低迷するなか，もはや標準伐期齢を守るように指導を行っても容易には収益に結びついていかない現実を理解しつつ，どのようにしたら木材の販売を通して森林を維持していくことができるのかを模索していたところであった[5]．提案を行った当初は，地区内ではプロジェクトへの参画に対する反対意見もあったというが,「こんな時代だから，ほかに売る先も見つからない」ということで，プロジェクトへ参画することになった[6]．

そうして2002年11月，立木販売をスタートする．当初，５年間で800本（およそ住宅10棟分）の木材を販売する計画を立て，それにあたって林内の材木およそ2800本に測定時点での胸高直径をもとに赤（20～25センチ），黄（26～30センチ），青色（31センチ以上）のテープが巻かれた．

プロジェクトを通して販売される立木の価格は，1m^3当たり，スギが7358円，ヒノキが9291円に固定された．この価格は，立木を「二酸化炭素回収装置」と位置づけ火力発電所における二酸化炭素吸収に必要なコスト（１万2704円／

Co2-t，日本学術会議答申による代替法）を，スギやヒノキが固定した二酸化炭素の量に乗じて算出したものである．これに，搬出や製材の費用を加えたものが実際の製品の価格となる．

木材の販売については，住宅１棟分の木材すべてを供給することを基本としたTSとは異なり，このプロジェクトでは，柱１本分の購入から住宅１棟分の木材すべてを供給するケースまで，さまざまなニーズに応じている．また，プロジェクト立ち上げ後に，加美町内の２人の個人所有者と，隣接する篠山市で，専業で林業を営む個人所有者を加え，現在では5000本を超えるスギ・ヒノキがプロジェクトの対象となり，それによって，長さや直径など多様な寸法の木材を安定的に揃えることができるようになっている．

販売の開始から５年の間に15棟の住宅がこの「かみ・裏山からの家づくり」を通して建てられ，５年間で800本を販売するという当初の目標はほぼ達成された．供給先は，近隣の丹波市や三田市だけでなく，神戸市や京都市，三重県にまで広がった．立木の販売額は300万円を突破し，丹治では収益を林内作業車などの林業機械の購入や，新たな作業道の開設など，育林に必要となる投資に充てている．ちなみに，丹治における森林整備の単価は，**表７−１**のとおりである［加古川流域森林・林業活性化センター編 2004：81］．

ただ，このように木材の販売が比較的順調で，育林にも一定の貢献を果たしつつあることがうかがわれる反面，販売の仕組みについては，「最初はこんなかたちになるとは思っていなかった」とプロジェクトに当初からかかわった設計士は述べる[7）]．

発足当初，プロジェクトでは，基本的にひとつの山，すなわち丹治の森林から１棟分の木材すべてを供給することを想定していた．しかしそれは，販売を開始して半年後には早くも修正を迫られ，上述のような１本単位で販売に応じる形態をとらざるを得なくなった．それは，１棟分の木材をすべて丹治の森林から伐り出すると，かえって高コストになってそのぶん住宅の価格が上昇することや，また木材を安定的に確保していくことが難しく，森林への負荷がかえっ

表 7-1　丹治における森林整備の単価

・下草刈り	￥104,000／ha
・再造林	￥741,000／ha
・間伐	￥97,000／ha（切り捨て），181,000／ha（搬出）
・枝打ち	￥152,000／ha（2.0mの高さまで），￥294,000／ha（4.0mの高さまで）
・拡大造林	￥1055,000／ha
・作業道	￥3,000／m（岩がでない場合），￥8,000／m（岩が出た場合）

て増す可能性があることが次第に明らかになってきたからである．その結果，プロジェクトは，丹治以外の森林所有者をプロジェクトに加え，さらに近隣の製材業者からも木材を調達するというルートを整えていくという方向にシフトしていくことになる．

(2)　sound wood (s) の成立

丹治の山林からだけでは住宅に必要な木材を継続的に供給することが困難であることが明らかになった以上，独自の販路を維持していくうえでは，安定した量の木材製品を常時保有している近隣の製材業者や木材問屋から供給を受ける見通しを立てることが不可欠な課題として浮上してくる．しかし，この地元の木材業界との関係構築が難題だった．

立木販売を開始してから約半年を経た2003年 7 月，「かみ・裏山からの家づくり」のプロジェクトの効果に関する評価･検討を行うことを目的として，「加古川流域森林資源活用検討協議会（通称KAKOGAWA WOOD (S)．以下，森林資源活用検討協議会と呼ぶ）」が発足した．この協議会は，「加古川流域森林・林業活性化センター[8]」の下部組織として位置づけられ，「立木の在庫管理」や「立木販促ツールの開発」，「イベントの企画」などの面での検討を多角的に行っていくことになった．そして，ここでの検討から，「環境保全型産業の提案」〔加古川流域森林・林業活性化センター編 2004：93-96〕として示されたのが，「sound wood (s)」であった．

「山だけが儲かる仕組みであれば誰がきてもよかった」と先の県職員が述べ

るように[9]，もともと「かみ・裏山からの家づくり」は，地区に収益が入る仕組みになれば，製材や施工の方式を問わずに，いかなる製材工場，工務店が参画しても構わないという姿勢でプロジェクトを立ち上げた．それは，先行して各地で立ち上がっていた取り組みが，特定の製材と工務店のあいだでの取引の機会や利益の配分をめぐる「いざこざ」から暗礁に乗り上げるケースが少なくないことを耳にしていたからである．変動が激しい木材相場に影響を受けないように「山を固定」し，施工の工法や乾燥の方法等は，ある程度「フリーな状態」にして，そうした「いざこざ」に巻き込まれないようにできれば，それでよかったのだという[10]．原木価格や，伐採費や製材費用をあらかじめ明確化したのはそのためであった．しかし，こうしたオープンな姿勢が逆に，さまざまな課題を浮上させていくことにもなった．

例えば，ある工務店が，既存のルートよりもマージン（利幅）が小さいと判断して，既存のルートから調達した原木を購入者に勧めた結果，契約に至らなかったのではないかと思われる例もあった．また，たとえ契約まで至っても，工務店が大径木，しかも曲がりや割れが極力抑えられた大径木ばかりを欲しがるといったことも起こっていたという．それが結果として，一本の木でも不要になった部分を市場に出して処理するとか，売れ筋の大径材の不足を補うため，地区外で森林を所有する個人所有者に声を掛けていくといった対応をとることを余儀なくさせていた．

「森林資源活用検討協議会」では，こうした木材販売をめぐって生じている問題点の洗い出しを通して，「立木で建築部材を調達する場合の設計手法における問題点・課題」を，① 伐採時期に合わせた設計内容の確定（スケジュール管理），② 木材の品質確保・品質のばらつきを許容する柔軟な設計，③ 立木情報から得る部材寸法の決定，④ 一般に流通する規格寸法材との組み合わせの4点に整理し［加古川流域森林・林業活性化センター編 2004：40-41］，そのうえで，いかにコストを下げながら，かつ森林所有者に収益が還元されるような仕組みをつくり上げていくのかについて，検討が重ねられた．そして，これに対する「森林資源活用検討協議会」の取り組みから，「木材コーディネーター」を核に据えた新たな木材流通モデルとして構築されたのが，「sound wood (s)」である（図7-1）[11].

これは，大量に流通している規格材については近隣の製材業者や木材問屋から調達し，もともと手に入りにくく，また高価になりやすい大黒柱や寸法が特殊な木材（大径材）などは，森林所有者から直接調達しようと考えたところから生まれた流通の形態である．特徴的なのは，「木材コーディネーター」を仲立ちにして，森林所有者から調達した大径材を地域の製材業者で製材し，さらに製材を請け負った製材業者から規格材を購入するという，交換関係を新たに創り出して，それを基礎にして１棟分の木材を確保していくことがめざされた点である．このような販売システムを立ち上げることは，既存のルートから確保しようとすると割高になりがちな長大な構造材を取れる大径の木材を直接森林から調達することが容易になることから，設計士が「デザインの自由」を確保するうえでも効果的だと考えられていた．

そして，森林所有者と製材業者，施工業者の間に立つ存在とされた「木材コーディネーター」とは，森林から伐り出された木材の品質管理や，施工までのタ

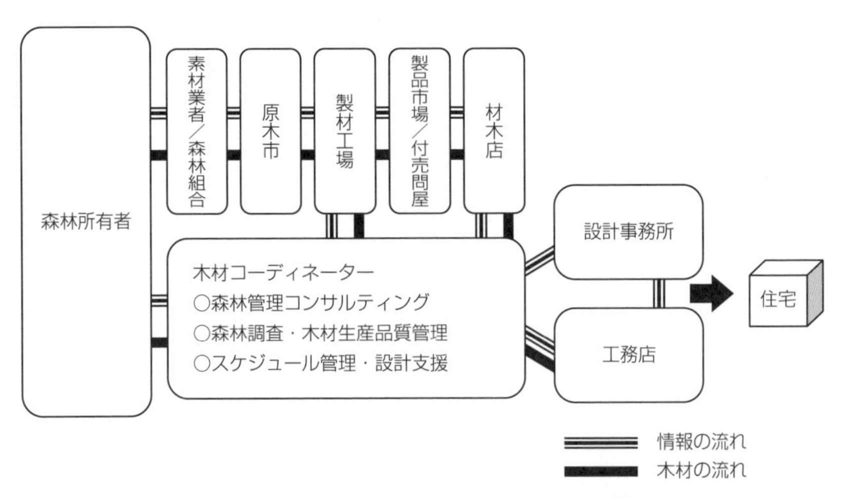

図7-1　木材コーディネーターによる木材供給

イム・スケジュール管理を担う人物で，例えば，どのような順番，タイミングで，どんな木を製材工場に流せば，乾燥期間を効率化できるのかといったことを熟知している人物である．「かみ・裏山からの家づくり」は，こうした役割を付与された「木材コーディネーター」を独自に配置し，改めてこのsound wood（s）として立木の販売を組織していくことになった．

しかし，この新たな流通のパターンは，「森林資源活用検討委員会」の議論のなかから見出されたというよりもむしろ，先述の設計士らの働きかけを通して地元の製材業者のあいだの「しがらみ」を乗り越え，また製材業者や施工業者から協力を引き出していく試行錯誤のプロセスを経て，はじめて見出されていくことになったものだといっていい．次に，新たな「立木販売システム」として構想されたこのsound wood（s）が，新たな販路として具体的に組織されていくまでの過程で経験することになったそうした「しがらみ」に焦点をあてて，新たなシステムの特徴を探ってみたい．

(3)　閉ざされたローカル・マーケット

ローカルな木材市場が急速な衰退を経験してきたとはいえ，今日でも地域の木材市場は，第1章で見た図1-1のような数珠つなぎの業界構造のなかに置かれている．それゆえ困難に直面した業者に対する支援や，信頼を寄せていた業者の裏切り行為といったネットワーク内部の業者の動きにとても敏感で，情報も素早く伝わる反面，新しい売買の機会の情報が業界全体に浸透し，市場が組織化されるまでには，多くのハードルがある．例えば既存の売買のネットワークの外側で新しい取り組みが立ち上がると，情報が入ってきたとしても，それが通常の流通と競合するようになることを知ると，協力を拒んだり，新規に売買に参入してくる業者を排除すらしようとする．そして，製材品の価格競争が激しくなり，零細な業者が集まる既存の市場で安定的に利益を生み出していくことが難しくなっていく局面では，そうした排他性がより強く表れるようになりがちである．

実際，先述の設計士が都市部を中心に近隣の木材を使って家を建てることへの関心が高まっていること，またその中で，「近くの山の木で家をつくる運動」が木材供給のひとつの新しい潮流として全国的に注目されていることなど，新たなビジネスの機会が発生している状況を製材業者や木材業者に伝えても，とくに関心がないという様子だったという．そして実際，規格材の供給について交渉しようとしても，応じてくれる製材業者や加工業者は容易には見つからなかった.[12)]

このような地元の業界の実態を，この設計士自身，「旧態依然」だと捉えている．だが，こうした狭い範囲ではあるが，隙のない業界構造を保ちながら販売網を組織してきた現状を知ったことで，それを潰すことなく，むしろ丹治の木材を軸に据えた新たな販売システムとのあいだで信頼関係を確立し，製品の供給を受けるためにはいったい何が必要なのかということが，中心的な問題関心となっていった．そして，そのような関心を背景にして生まれたのが，「木材コーディネーター」を配した新たな「立木販売システム」であった.

このように，近隣の閉ざされつつあった業界に積極的に働きかけ，交渉を通して新たな販売システムに関するアイデアが洗練され具体化していく過程は，「近くの山の木で家をつくる運動」といっても，ただ先行する地域をモデルとして模倣するだけでは販路を確立することが難しく，むしろ供給可能な資源と地域の木材売買のネットワークの実態をふまえた独自の流通の形態が必要だということを自覚していく過程でもあった．とくに，丹治のような木材の販売の経験もノウハウも乏しく，また供給能力も十分とはいえない人びとからの木材供給を基礎にして取引を組織しようというときには，そもそもTSのように市場をまったく新しく組織することは困難であり，既存の木材売買のネットワークとの接点を見出していかざるをえない．そして，このような条件下で供給の安定を図り，利益の分配をめぐって生じがちなコンフリクトを回避しつつ森林所有者に安定的にリターンを生み出していこうというときに見出されたのが「木材コーディネーター」であった.

そして，この新たな立木販売システムにおいて「木材コーディネーター」に就いたのは，大学卒業後，90年代に兵庫県内の製材工場に勤務し，主に原木市での木材の買付けや製品の販売に従事してきた人物であった[13]．とくに「木材コーディネーター」が担っていく役割については，より安定的に原木を入手できるような販売網を整備していく必要性を意識していた先述の設計士と，1990年代にかけて，「いかに良質な木材を安く手に入れるか」をめぐって駆け引きが交錯する原木市で，木材を買い付けるノウハウを身につけながらも，その労苦が必ずしも育林の継続につながっていかない実態をよく知るこの木材コーディネーターの問題意識が強く反映されている．「森林資源活用検討協議会」を通して親交を深めていった2人は，2004年に木造建築を手がける設計士と専従の木材コーディネーターからなるユニークな形態の設計会社を新たに立ち上げ，森林所有者と木材業界との間に分け入って，両者を橋渡しする役割を自ら担っていくことになった．

(4)　ローカル・マーケットの修復による森林再生

ここまで，「近くの山の木で家をつくる運動」が，ローカル・マーケットの修復を試みる取り組みとして立ち上がり，森林へのリターンが生み出されていくまでの過程を，兵庫県下で展開する「かみ・裏山からの家づくり」の取り組みから明らかにしてきた．

もともと「かみ・裏山からの家づくり」は，参画する森林所有者だけで，1棟分の木材を揃えることが難しいという事情を抱えていた．その場合，地域材の流通を組織していくというときに，既存の売買のネットワークの外側に新たな売買のネットワークを築いても，ネットワーク間に競争が発生してリターンの確保が難しくなる．そこで，既存の木材売買のネットワークを新たな供給ルートに呼び込みながら，競合を回避し，互いの収益を確保していこうと試みていくことになった．そうした調整にそのゆくえが規定されるところに，この「立木販売システム」のひとつの特色がある．そして，このようなプロセスに注目してこの試みを振り返ると，システム全体の中で，「木材コーディネーター」は，森林所有者と製材・加工業をつなぎ合わせ，相互関係の再構築を図っていく役割を担っていることがわかる．ただ木材を販売するだけでなく，木材の差配を担うことによって，分断されていた林業と製材業・施工業を結びつけつつ，販路や在庫をめぐってネットワークを行き交う情報を集積していくなかで，期せずしてローカル・マーケットの修復の中心的な担い手となる位置を占めることになっているのである．

「かみ・裏山からの家づくり」のひとつの特徴は，この「立木販売システム」を，ほかの森林地域に普及が可能なシステムとして模索している点にある．「木材コーディネーター」を介在させ，それによってアクター間の連結を操作しつつ個別の地域の木材流通の実情に合ったかたちで木材市場を組み替えていくのである．「森林資源活用検討協議会」での検討の結果をまとめた報告書にある次の記述は，このような姿勢を明確に示したものだといえる．

> この森林所有者から消費者まで顔の見える家づくりシステム（「sound wood (s)」）は，従来からの当地での家づくりを否定するものでも変えるものでもなく，既存の建築にかかわる業者の賛同と協力によりできる取り組みであると考えている．また，新たな製材工場，共同体等をつくることもなく，経費も労力も特にかからない［加古川流域森林・林業活性化センター編 2004：89］．

「かみ・裏山からの家づくり」は，価格競争が激しくなる中で，閉ざされていった木材業界に対する，TSとはまったく異なるアプローチとして理解することができる．安価に原木を仕入れることにこだわった製材業が，森林所有者に対して取引の形態や収益の分配に関する交渉の機会を閉ざしていくなかで，そうした業者たちと接触を図って育林をめぐる不安定な現状を打開することをめざすようになっていったプロセスが，丹治の試みを特徴づけている．財産区も含む，木材売買とは無縁の所有者を組み込んだこうした市場創出の試みからは，木材市場の大がかりな転換が進行する中で，協調の機会が失われ，分断された木材売買のネットワークを再生していく作業もまた，今日において「森林の危機への対応力」を備えた木材市場を構築するうえで重要なポイントとなることが示唆されるのである．

4　森林再生への高いハードル

(1)　「近くの山の木で家をつくる運動」のもうひとつの位相

さて，すでにところどころで言及してきたように，「かみ・裏山からの家づくり」のアプローチは，木材市場の転換に起因する森林の危機について検討するうえで，前章で検討した「TSウッドハウス協同組合」の試みとは異なる問題の位相を浮かび上がらせる．「かみ・裏山からの家づくり」が取り組みの過程で遭遇した問題は，市場の転換によって住宅用木材市場がローカルな文脈から切り離されていくことそれ自体ではなく，むしろそうした過程に積極的に関与することのなかった近隣の小規模な製材業者たちと森林所有者とのあいだの取引関係の構築をめぐる困難だった．市場の転換過程からは距離をおく一方で，価格競争が激しくなるなか，規格材を常時確保することで利益を生み出していたこうした製材業者と向かい合い，新たなかたちで築いた相互関係に市場を埋め込んでいくプロセスが，「かみ・裏山からの家づくり」の取り組みを特徴づけていくことになった．

住宅用木材市場においてプレカット工場への供給を軸に据えた大規模製材工場の優位性が高まるなかで，こうした小規模な製材業者の取引量は減少を続けているといわれている．『森林・林業白書』によれば，2000年の段階ですでに40％程度，2010年を過ぎるころには約60％が大規模製材工場を経由して流通するようになっている（『平成23年度版森林・林業白書』149ページ）．しかし，こうして大規模製材工場への木材の集約が急速に進行していく背後で，80年代以降のローカルな木材市場で生じた分断は修復されることなく，森林所有者とのあいだのコミュニケーションが希薄な状況が長らく続いてきた．

「かみ・裏山からの家づくり」に端を発する新たな立木販売システムは，こうした事態を解決すべき課題として捉えた設計士たちが自ら近隣の業界に分け入って，その解決の糸口を探る中から立ち上がった取り組みである．それは，ローカルな木材市場の再生が，多くの場合，それまで結びつきのなかった都市部の人びととの関係を橋渡ししていくという作業だけでなく，それ自体縮小が進む地域の木材売買のネットワークの修復を図りつつ，ビジネスの機会をさまざまな森林所有者に対して開放していくという作業も求められることを示している．取り組みが全国各地に広がりを見せるなかで，「近くの山の木で家をつくる運動」のあいだでは，単に森林所有者の結集を図って木材市場の転換に対抗するかたちで売買のネットワークを整備するだけでなく，このようなローカルな木材売買のネットワークの再生も課題として意識されていくことになったのである．

徳島県と兵庫県の２つの試みから見えてくるのは，現状の木材市場の動きに巻き込まれることなく，森林資源の蓄積を維持していくことを可能にする「森林の危機への対応力」を木材市場に取り戻すことに腐心している森林所有者たちの姿である．

アプローチこそまったく異なるが，２つの市場創出の試みからは，森林所有者たちが木材価格を固定したうえで，それぞれの供給能力や保有する資源に沿って取引のパターンを組み替える一方で，また参画する人びとの境界を可変的に操作しながら供給パターンを改めて構築して森林にリターンを新たに生み出そうとしていた点では共通している．経営の規模も利害関心も異なる多様な人びとのあいだに分け入り，結びつけていく「巧妙な仕事（tricky task）」に頼りがちだったとはいえ，それは，価格競争が常態化していく中で，製材業者の言い値で済まされることが多くなった木材の取引を，日常的な働きかけを通して林業と製材業，施工業相互の利益となるような取引の条件を見出していく試みであった．「近くの山の木で家をつくる運動」というと，どこか「古くからの林業地」における大規模な森林所有者たちだけに可能な取り組みという理解に落ち着きがちだが，この「かみ・裏山からの家づくり」の展開を振り返る限り，必ずしもそのように言うことはできないし，この試みもまたローカル・マーケットの危機的状況の克服が，日本における森林地域のこれからを考えるうえでひとつの焦点となってくることを示している[14)]．

高度経済成長期，木材価格の急激な上昇を目にした人びとによる，文字通りの総出の作業によって日本の広大な人工林は形成されてきた．しかし，そうして植えられた木材が伐期に達した今日，森林への収益の還流を確実にする市場を見つけ出すことがきわめて困難になっている．問題は，政策当局の介入を契機とした木材売買のネットワークの再編の過程でそのような市場の存続の可能性が閉ざされてきたという点である．長期にわたる木材価格の低迷に加えて，その過程で木材取引が森林の所有・管理をめぐる現実と乖離し，木材市場に対する信頼が失われていったことが，管理の放棄，さらには再造林放棄や林地の転売の拡大につながっていると考えられる．そうした意味で，「近くの山の木で家をつくる運動」がめざしてきたのは，単なる新たな販路の創出ではなく，現状の木材市場それ自体の問い直しにほかならない．

(2)　さらなる問題

とはいえ，森林所有者たちの危機感がこのようなかたちで新たな市場の創出に結びついていったケースはごく限られているというのもまた否定しがたい事実である．そのこと自体，日本における森林再生を展望するうえでの高いハードルがあることを示しているともいえるのだが，これには，木材市場の転換だけではなく，高度経済成長期の木材価格の急激な上昇を経ていっそう複雑化した森林所有の実態が少なからずかかわっている．

木材価格が上昇する時期は，林地の形成や売買が活発化する時期でもある．こうした林地の移動の活発化は，複雑な森林所有のパターンにいっそう拍車をかけた．例えば，今日の山村では，入手した林地が１カ所ではなく，複数の箇所に分散している所有者も目につく．筆者が調査を行った神奈川県のある山村の場合，所有する面積は合わせて約２ヘクタールになるが，実際には４カ所に分散して所有している事例や，保安林も合わせると６ヘクタールの森林を所有しているが，林地は12カ所に飛び地的に広がっているという事例もあった[15]．記録上，ある程度の面積を所有しているように見えても，実際には林地が離れて分散しているケースが少なくなくないのである．加えて，日本の山村には，所有面積が１ヘクタールに満たない所有者たちも膨大な数にのぼる．実際，山村を訪れて調査をすると，所有面積を坪単位で回答する所有者が少なくない．このような所有者のなかには畑地に苗を植え，針葉樹林を形成してきた所有者，言い換えれば，森林を自ら作り出して森林所有者となった人びともしばしば見られ[16]，こうした実態からも当時の過熱する木材市場の一端をうかがい知ることができる．今日，各地に広がる針葉樹林は，このような所有者も巻き込みながら一様にスギやヒノキの植林を推し進めてきた結果でもある．

ただ，これらの所有者には，丹治の財産区の権利者たちがそうだったように，継続的に市場とかかわって木材取引で得た収益を森林に還元してきた経験も，また人工林経営の確立をめざす動機づけも当初から希薄で，スギやヒノキの植林も，多くは補助制度の拡充と，木材価格の急激な上昇が植林のきっかけとなっている．しかし今日，こうした林地も，その多くが放置され，手入れ不足が深刻化していることを考えると，どのような回路でその整備に必要な資金を調達し，管理体制を新たに整備していくかが問われることにもなる．

そのうえで，このような複雑な森林所有の実態は，それだけ当事者間の折衝の機会を増やすことになるがゆえに，それ自体，森林へのリターンを安定的に確保していくための取り組みをいっそう難しくする要因となる．木材を搬出する林道の整備にせよ，販路の取りまとめにせよ，まずは森林所有者間での合意形成が不可欠となる以上，このような現状を前提としたうえで，それぞれの困難をどのように乗り越えていくかが問われることになるからだ．振り返れば，植林が進む一方で，戦後の森林政策は，そうした所有者間のコミュニケーションを図りながら供給を取りまとめていく経験を十分に生み出してこなかった.[17)]「かみ・裏山からの家づくり」から見出された「木材コーディネーター」という役割は，こうした森林政策の空白を埋めうる，木材の生産・供給の現場で探り当てられたひとつの解決策だといえる.「近くの山の木で家をつくる運動」は，どのような人物や組織が，ともすればこうした負担感の大きい作業の担い手となりうるのか，あるいはそうした人びとをいかにして生み出し続けるのかといった問題解決の方向性をこれまでの森林政策に対して示唆してもいるのである.

注

1）これについて，例えば宮本常一は，木材を販売した経験のない森林所有者と契約を交わした村外の伐採業者が，ただ伐採しやすいように林道を切り開いて，あたりの木材を一斉に伐採し跡地を放置した事例をあげている［宮本 2006］. これについて宮本は，「資本主義経済の洗礼」といい，山林経営の多くが「計画性に乏し」く，「片手間経営」「財産的所有」にとどまっている段階にあることを指摘した. また，このような林業地域の実態について，1960年代に神奈川県津久井郡の山村を調査した田村善次郎は，「林業的に有利な経営ということへの志向は見えず，掠奪的なものであり，町会計への補充充当という形をとる地元青根地区の諸施設の拡充諸事業の助成を目的とする」と指摘している［林業金融調査会編 1965：30］.

2）2005年から2008年にかけて筆者も加わった神奈川県相模原市緑区青根地区での調査の結果より. こうした小規模森林所有者の今日的な存在形態については，大倉［2013］でより詳しくまとめている.

3）まとまった規模の植林は1990年ころまで行われていて，調査の段階では，獣害対策でネットを張る作業などが中心になっているということだった（2004年８月30日，丹治地区副区長へのインタビュー).

4）以下の検討は，2004年８月29日から30日にかけて行った兵庫県加美町丹治地区における兵庫県職員のD氏も交えた財産区関係者に対するインタビューと，2007年９月25日に行った兵庫県丹波市の（有）ウッズにおける設計士Y氏へのインタビュー，及び2007年９月22日から25日にかけての兵庫県内での林業関係資料の収集から得られたデータに基づいている. また，このプロジェクトの展開について詳しく紹介されている土肥［2005］のほかに，2005年から2008年にかけて実施した神奈川県相模原市緑区青根地区での調査，2011年の岡山県真庭市，2012年の高知県で実施した調査で得られた知見ももとになっている. なお，「かみ・裏山からの家づくり」については，大倉［2012］でも紹介している.

5）2004年８月30日，丹治における丹治地区副区長H氏へのインタビューの際の，D氏の発言.

6）2004年８月30日，丹治における丹治地区副区長H氏へのインタビュー.

7）2007年９月25日，設計士Y氏へのインタビュー．

8）「森林・林業活性化センター」は，1989年に林野庁が提起した「森林の流域管理システム」構想にもとづいて流域ごとに設けられた．県知事・市町村長，国有林，森林整備法人，森林組合，木材加工業者らを構成員として「流域活性化協議会」を運営し，関係者間の合意形成と連携の促進，関係情報の収集・提供など，流域管理システム推進の体制整備を担っている．「加古川流域森林・林業活性化センター」は1993年に設立された．

9）2004年８月30日，丹治における丹治地区副区長H氏へのインタビューの際の，D氏の発言．

10）2007年９月25日，設計士Y氏へのインタビュー．

11）「森林資源活用検討協議会」では，soundを，以下の５つのSで始まるキーワードの総称として扱っている．① Sustanability（継続性，持続性），② Stream（加古川の流れ，素材の流れ），③ Signatured（署名のついている，責任の明確な），④ Stock（CO2のストック），⑤ Safety（安全性＝構造上の安全性，素材の安全性）．

12）それまで主に工務店とあいだで仕事をしてきたY氏は，業界内部の垣根を越えて製材業者や加工業者と知り合うまで，このような業界内部の「しがらみ」をまったく知らなかったという．

13）このようにして新たな販売システムが組織されていくなかで，「かみ・裏山からの家づくり」の関係者からは，木材コーディネーターである「Nさんの営業で木が売れている」という声も聞かれるようになった．ここからは，この新たな立木販売システムが，丹治にとっても森林に安定的なリターンを生み出していくシステムとして，信頼を得ている様子を見てとることができる．

14）例えば林雅秀らは，「日本の人工林の約半分は戦後になってはじめて造林されたもの」であり，「こうした戦後造林地においては人工林の伐採により収入が得られた経験は少ない．このため，林業経営者と製材業者との間の連携も過去には発生していないはず」だとしたうえで，「古くからの林業地」における森林所有者と製材業者の「信頼関係と協力関係」に焦点を当てる筆者の議論［大倉 2006］は，「少なくとも戦後造林地にはあてはまらないことに留意すべき」として，「戦後造林地」における対応として，素材生産業者のネットワークの分析を進めている［林・天野 2010］．確かに，森林の管理にあたる人材にせよ，育林の体系化の度合にせよ，２つの地域のあいだで，森林をとりまく大きく事情は異なる．しかし，ここまでの議論を振り返る限りでは，このような分類は，木材市場の転換が進行する中での林業関係者の選択の含意を十分に理解するうえでは，大きな意味をもたないのではないかと思われる．

15）このような小規模森林所有者による分散的な森林所有の実態については，大倉［2013］で詳しく触れている．

16）このようなかたちで植林を実施してきた所有者のひとりが，続けて「持ってなきゃなんだか格好が悪くて」と述べていることも興味深い［大倉 2013］．

17）このような小規模森林所有者たちの集約については，「森林・林業再生プラン」をはじめとする住宅用木材をめぐる政策領域でも関心が集まっている．そのなかで，森林組合をそうした集約の担い手として位置づける動きが急である．しかし，日本の森林組合の業務は，治山事業や間伐事業の実施が中心で，存在形態も関心もさまざまな所有者とのコミュニケーションを密にして施業を集約したり，新たな販路の開拓にかかわってきた経験は極めて限られている．それゆえ，このような取り組みを森林組合に託すことは，現状の小規模森林所有者を取り巻く問題の解決を展望するとき，想定をはるかに超える困難が伴うことが予想される．この点については，後の章で改めて検討する．

第8章
戦後森林政策の「意図せざる結果」としての森林の危機
——グローバル化という閉塞——

1　戦後森林政策の「意図せざる結果」

ここまでの検討から，少なくとも，安価な外国産材の輸入拡大や村落社会による森林管理の衰退という説明が，現代日本における森林の危機にかんする説明として不十分なものであることが明らかになったと思われる．今日，育林を放棄したり，あるいは現状の木材市場から離脱し，「近くの山の木で家をつくる運動」をはじめ，新たな市場を組織して育林を存続する道を模索してきた森林所有者の選択に作用している現実を理解するうえでは，高度経済成長期以降の木材市場で進行した大がかりな転換と，その過程で生じたローカル・マーケットの危機という現実に基づいて説明する作業が不可欠である．

本章では，ここまでの検討から得られたこうした知見を手がかりにして，現代の森林所有者が直面する危機の現代的特質に改めてアプローチしつつ，市場制度と環境危機との現代的な関係にも光をあてていきたい．そこでまず，本書の検討から明らかになった，現代日本における森林の危機の基本的な因果関係について改めて整理していこう．

本書が注視してきたのは，現代の森林の危機をとりまいて生じている木材市場の転換が，日常の木材売買のなかから自然発生的に引き起こされたものではなく，林野庁を中心とする政策当局の木材市場に対する半世紀にわたる長期的な介入の帰結として捉えうるという点である．すなわち，木材供給の安定を目標として1960年代には拡大造林政策を主導する一方で，ローカルな木材市場とは隔てながら外材市場の創出を支え，その外材市場に参画してきた製材業者が，今度は成熟が進む人工林資源をめがけて国産材の製材・加工に回帰してくる．こうした政策当局による木材業界への干渉によって生み出された市場が，資源が流れていく空間それ自体を新たに組織していくようになるなかで，森林の危機が広く顕在化している．

ただ，問題の歴史的起源をこうして高度経済成長期の政策介入にまで遡ることができるとはいえ，ここで改めて指摘しておく必要があるのは，1960年代以降の森林政策が，今日の森林荒廃の直接的な原因であるということでもなければ，ましてや政策の立案に従事した人びとが，木材供給を確保するために，森林の蓄積を損なってでも伐採を拡大するよう，森林所有者に促してきたなどというわけでもないということである．

確かに，高度経済成長期以降の林野庁を中心とする政策当局が打ち出してきた政策には，木材生産と供給のパターンを，自らの指導によって変革をめざす意図が明確であった．しかしそれは，政策立案者が伐採の強化を自己目的化していたなどとは到底考えがたい．むしろ政策立案者たちが成し遂げたかったのは，零細でかつ技術的にも未熟だった木材産業全体の近代化を推し進めることによって，木材需要の増大に迅速に対応できる効率性の高い木材の生産と供給のパターンをつくり上げることであった．そのような立場からの木材市場への積極的な働きかけが，将来的に森林の荒廃の拡大につながっていくなどとは，政策当局だけでなく，薪炭需要の減少と木材ブームの中で，政策をむしろ歓迎するかたちで積極的に受け入れていった山村社会もまったく想定していなかったといっていい．

このようにして木材市場の転換をめぐる歴史過程を把握していくことで，現代日本の森林経営が直面している事態は，高度成長期以降の木材生産と木材供給に対する政策介入の中で実施された事業の意図とはまったくかけ離れた，あるいはむしろ正反対の出来事だったということが見えてくる．現代の木材市場は，1960年代の政策構想の中で思い描かれたユートピア［Polanyi 1944：邦訳 6］を具現化したものだといっていい．しかし，そこに生じたのは，立案時の意図とは逆に，木材市場が森林の危機への自律的な対応力を失い，管理の放棄や過度な伐採を引き起こしやすくなっている実態である．現代日本で拡大する森林の荒廃は，こうした意味で，戦後の森林政策の「意図せざる結果」だといえる．

これが，本書を通して見出された現代日本の森林の危機をめぐる基本的な因果関係である．では，このような政策当局による木材の生産・供給に対する批判的な介入が森林の危機という帰結を引き起こしていくに至った歴史過程からは，市場の転換が生み出した育林をとりまく新たな現実について，どのような理解が得られるだろうか．以下では，この点について概念的な掘り下げを試みながら問題の構図を整理し，それとともに，ここまでの経済社会学的な考察の先に切り開かれる市場制度と環境危機との現代的な関係をめぐる新たな議論の地平について考えてみたい．

2　政策と互酬
――森林政策は市場から何を取り去ったのか――

(1)　ローカル・マーケットの「強さ」

収益を得るまでに長期にわたる投資が必要となるにもかかわらず，予測がきわめて困難な市場に身を置くことになる森林所有者が確実なリターンを生みだす法則を見つけ出すためには，それ以前の，周囲の業者との試行錯誤のプロセスが重要になる．実際，製材業者との日ごろの取引の中での接触を足がかりとして，取引条件や利益の配分をめぐって交渉のチャンネルを切り開いて安定的なリターンを確保していく，というのが，多くの森林所有者が経営上の不確実性の低減を図るために試みてきたことだった．それゆえ，そこから形成される市場は，定型的なパターンを持たず，またその根本は，現在進行形で，かつ多元的なものにならざるをえなかったのである．

一見すると，旧態依然としていて時代の変化への対応も遅れがち，しかも供給能力が高いとはいえないこうした市場も，このように振り返ってみると，持続的に森林を利用しながらリターンを得ていく仕組みとしては極めて合理的な選択のうえに形づくられていったことがうかがえる．では，このようにローカル・マーケットが多元的に形成される状況は，木材市場にどのような特徴を与えていくことになるのだろうか．

これについてはまず，市場が参画する人びとの「凝集性」を指摘することができる．ローカルな市場は，見知らぬ人びとが個々ばらばらに集まってきて取引を行うのではない．取引に関わる人びとが，保有する資源から，場合によっては経営状態まで，互いのことを事細かによく知っていて，日常的な接触を通して互いが情報を共有し，また観察しあう，緊張感の高い状況下で駆け引きが繰り返される．狭い人間関係のなかで形づくられた義務関係を崩さないことが，相互の信頼を高め，過度な摩擦の回避につながる一方で，抜け駆け的な取引を抑え，緊急時の結集の基盤にもなっていく．

ただ，こうしたごく狭い範囲のネットワークのなかで取引を反復するなかから生じる一定程度の「凝集性」は，必ずしも市場が閉鎖的であることを意味しないという点が重要である．むしろ実態は，義務関係は固定された厳格なものでなく，しかも取引の形態は，保有する資源の分布や供給能力に応じた交渉が可能な可変的なものになっているケースが少なくない．また，そうであるがゆえに需要に合わせて新たな森林所有者を導き入れたり，あるいは逆に取引関係を絶ち切ったりというかたちで，市場の境界は絶え間なく操作されている．このような意味で，ローカルな市場は「開放性」を備えた市場でもある．

なぜこれらの特性が市場に求められたのか．それは，過度な競争や買いたたきといった，育林や，あるいは木材業界の存続を脅かす動きが市場に生じる可能性を人びとが軽減しようとするからだ．すなわち，市場に集まる人びとの凝集性に支えられるかたちで，緊急時には生産と供給の調整を図る一方で，消費者のニーズや取引相手の要求の変化や，あるいは新しい競争相手の出現に対応するかたちで，市場を絶えず開け閉めし，売買のネットワークを組み替えていく．森林所有者たちが常に関心を寄せていたのは，そうして自らも関わり合いながら生み出した社会過程の中に市場を埋め込んで，時代の変化に対応しつつ市場の不確実な動きを抑えていくうえでの最適な状態を探し当てていくことだった．

単に「仕切られた市場経済」[斎藤 2003] だったというだけでなく，このようにして「凝集性」と「開放性」という一見矛盾する特性を，どちらも損なうことなくうまく組み込んで危機的状況に自律的な対応を図ってきた点に，ローカルな木材市場の特徴を見出すことができる．市場がそのような「凝集性」を前提とするかたちで「開放性」を生み出してきた点こそが，ローカルな市場に備わる危機への対応力の源泉であり，またそれが育林のパフォーマンスを少なからず規定してきた．参画する人びとがある程度特定された狭い人間関係のなかで，市場の開け閉めを繰り返して，森林へのリターンを生み出し続ける．このような定型的なパターンを持たない，いわば融通無碍な市場創出が，今日的なかたちで展開していったのが，「近くの山の木で家をつくる運動」だったといえる．

こうした局所的な売買のネットワークを基礎にした市場形成が必ずしも特異な現象ではなく，市場が安定的にリターンを生みだしていくうえでしばしば重要視されてきたことは，経済社会学のなかでも広く知られ，また次のようにして一般化されてきた事実でもある．

> 抽象的で，そして匿名性が高い常識的な市場の状況は，情報の非対称性や機会主義に起因する問題を抑制するために，いつもきまって小規模な売買のネットワークへの切り替えが進む．例えば，ほとんどの市でのやり取りは，取引が最終的には小規模なネットワークの中での信頼関係に依拠した市場の構築に向かっていくのである [Fourcade and Healy 2007：289].

だが，現代の森林資源をめぐっては，事態はこれとは逆の方向に進行しているというほかない．今日の危機的な状況において，そうした高い凝集性を保ちつつ，また開放的な市場への結集を図る人びとは少数派に止まる．こうした売買のネットワークを新たに形づくって，市場のもつ森林の危機への自律的な対応力を回復しようとする動きの背後では，製材業者のあいだで原木価格の引き下げを図る動きが広がる一方，政策的な後ろ盾を確保しながら，かつてない規模で木材を加工する工場が市場で台頭し，結果としてローカル・マーケットの脆弱化が進んだ．それは，木材市場にかかわってきた人びとが分断され，凝集性を維持できなくなっていくなかで，市場が森林所有者に対してもっていた開放性が損なわれていくプロセスでもあった．

(2) 互酬の締出し

こうして木材市場からローカルな市場が備えていた２つの特性が失われていく様子からは，エリノア・オストロムが，政策や政策分析からの「互酬の締出し（crowd out)」と捉えた近代の資源管理政策の特質が浮かび上がってくる[1)]［Ostrom 1998：2005］．

互酬は「相互防衛のために，長距離交易から利益を獲得するために，そして共同施設や共有資源を築くために欠くことができないもの」だとオストロムは指摘する［Ostrom 1998：２］．ただし互酬は，それだけでは，これらをめぐって生じるさまざまな問題を解決することはできない．それには，政策的なサポートをはじめ，人びとに互酬的な義務関係へのコミットメントの継続を喚起する外部からの相応の働きかけが不可欠となる．ところがオストロムによれば，多くが慣習的な権利というかたちをとるローカルな資源管理制度は，これまで政策的なサポートを受けるどころか，むしろ資源の厳格な管理や迅速な商品化をめざす政策当局のみならず，そもそも制度がどのように機能しているかを理解していない政策アナリストから重大な挑戦を受けてきたという［Ostrom 2005：261］．

問題は，そのような外部からの挑戦が，実際の資源管理に何をもたらすかである．オストロムが指摘しているのは，外部からの刺激によって，資源管理を担う人びとが資源をコントロールしていく可能性を失ったように感じたとき，互酬的な義務関係を維持していく内的な動機づけを自ら締め出していくことになりがちだという点である［Ostrom 2005：267］．ここでは，政策そのものが互酬と衝突するといっているのではなく，政策が，その意図とは無関係に資源管理を担う人びとの内的な動機づけに作用して，互酬が締め出されていくプロセスに焦点が当てられている．「互酬の締出し」というかたちでオストロムが示したのは，このようにして集権的な資源管理政策が，意図せざるかたちで持続可能性の追求に不可欠なボランタリーな次元での協力の可能性を突き崩して，結果として資源管理の持続可能性が損なわれていくプロセスである．

そして，このオストロムが見出した着眼は，「なぜ，政策当局による市場への批判的な介入が森林の危機という帰結を引き起こしていくことになったのか」という日本の森林政策をめぐる問いに対するひとつの「解」を示しているように思う．

木材市場をローカルな文脈から切り離しつつ，生産・供給の拡大につなげていく，というのが1960年代以降の森林政策の基本的なアイデアだった．しかし，とりわけ1980年代に製材品輸入が本格化し，政策的な支援を受けるかたちで市場の転換が加速していくなかで，それまでのように互酬的な関係に依拠して取引を維持していく動機づけが森林所有者から失われていくことになった．そうして木材市場から互酬的な関係が取り去られた結果，森林の危機への自律的な対応力を形づくってきた社会過程は消失し，森林所有者のあいだでも，製材業者のあいだでも，機会主義的な行動が広がっていくことになった．オストロムは，互酬の締出しは，単にローカルな資源管理制度に対する挑戦であるだけでなく，人的・物的資源の減耗につながるとも述べているが［Ostrom 2005：270］，こうして日本の木材市場は，森林へのリターンを生み出し続けながら市場制度を形づくり，維持してきた担い手を，経営からの撤退というかたちで失っていくことになりつつある．

今の日本の森林所有者たちを見ていて不思議に思うのは，例えば農業と政治のあいだに見られるようなかたちで，市場が危機に直面していく状況下で結束した対応が広がっていかないことである．しかし，以上のように政策と互酬の関係に着目すれば，こうした事態は，「そもそも農業と林業は別の世界だから」といった話ではなく，森林政策による働きかけをきっかけにして，市場がローカルな文脈から切り離され，そのなかで参画する人びとが結集を図って危機への対応していく力が失われていったという，この問題をとりまく歴史過程に起因するものとして捉えることができる．周囲との連携が生じないぶん，各々がばらばらに状況の変化と相対することになりがちで，森林所有者たちの対応も自ずと機会主義的，あるいは投機的なものに傾きやすくなる．

そして，このような政策と互酬とのかかわりあいに関する把握は，期せずして，森林資源をめぐるグローバル市場の形成過程が，次に述べるような逆説的な現実を内包するものであることを明らかにする．

3　グローバル化という閉塞

(1)　木材市場の離床と開放性の喪失

閉鎖的な面が強調されがちなローカルな市場だが，保有する資源や供給能力に応じて取引の機会や利益の配分について交渉が可能で，また状況に応じて森林所有者を入れ替えてきたという意味では一貫していた．加えて，日々，市場に参画する人びとの情報が行き交い，誰がどのように判断し結果，どのような事態が生じるのかがわかるという意味では，ローカルな木材市場は，参画する人びとにとって透明性の高い市場でもあった．しかし，1980年代以降の木材市場の転換は，森林所有者を，市場をとりまいて生じる社会過程から切り離し，市場からそのような特性を取り去るかたちで進められていった．

とりわけ1990年代後半以降の木材市場では，新たな占有集団が，取引規模や規格，利益の分配といった条件を自ら取り決めつつ木材の売買への参入に障壁をつくり出し，資源の流れを切り替えていく動きが活発化している．日常的な接触を通して義務関係を組み替える機会は失われ，大規模な製材業者の求める供給規模に基づいて取引のロットや期間が決められていくようになった．そうなると，森林所有者は，木材市場のゆくえを，市場に参画する人びとの判断や行き交う情報よりもむしろ，ある日突然降りかかってくる政策や，あるいは大規模製材工場の立地の決定といった出来事からしか知ることができなくなっていく．その意味で，転換後に形成された新たな市場は，森林所有者にとって閉鎖的な市場だといえる．

戦後日本の林業の歴史は，外国からの木材，あるいは森林に対して進んだ市場の開放への対応を重ねてきた歴史である．しかし，そうして林業がグローバル市場に組み込まれていくことは，結果としてそれまで過度な競争を抑制しつつ森林所有者へのリターンを生み出してきた無数の木材市場をとりまく社会過程を無効化させ，人びとが日常の接触の機会やそこでの駆引きを足がかりにして危機の打開を図っていくことを難しくしていった.外材供給体制の確立以来，木材市場の開放が進められてきた結果，ローカルな木材市場は，自らがリターンを生み出す機能を喪失し，またその過程で市場が閉塞していくという逆説的な現実が，そこでは生じている．

そして，このプロセスが政策的な支援に支えられてきたことは，森林所有者にとっては，売買の機会や利益の分配に関わる駆け引きや交渉の場の喪失が正当化されたに等しい．現代日本の森林再生をめぐる政策領域は，森林所有者の立場をふまえて製材業者とのあいだに入り込んで調停を図るのではなく，こうした製材業者を国内林業の変革を担う新たな集団として位置づけて，そうした業者と結びついていくことが，低迷する林業にとって生き残りの唯一の選択肢であるかのような主張が勢いを増している[2)]．市場の転換が進む背後で，森林再生をめぐる政策領域は，こうして森林所有者が自らの不満や苦難を表明する場としての意義を，今まさに失いつつあるのである．

図 8-1　グローバル化という閉塞

グローバル化（市場のグローバルな統合）	→	閉塞＝生産・供給の調整の回路が閉ざされる
市場のローカル化（多元的な市場の集積）	→	開放＝生産・供給の調整への回路が開かれる

(2)　ジャガーノート・マーケット

現代日本の森林経営は，こうしてしばしば「市場の開放」と同義で語られるグローバル化のプロセスが，かえって市場に閉塞を生むという，木材市場をとりまく逆説的な現実と直接相対することを余儀なくされている．このようにして市場が閉塞していく様子は，カール・ポランニーが「ジャガーノート・マーケット（juggernaut market）」と呼んだ市場パターンが，木材の売買をめぐって生起しつつあること示しているように思われる．ポランニーは次のように述べる．

> 市場メカニズムが社会全体の生命にとって決定的な要因となった．当然，新しく登場した人間集団は，以前には想像もつかなかったほどの「経済的」な社会になった．「経済的動機」がその世界の最高位に君臨し，個人は，ジャガーノート・マーケット[3)]に踏みにじられるという苦しみを受けながら，その「経済的動機」に基づいて行動するように仕向けられた［Polanyi 1947：邦訳 55］．

このコンセプトには，止めることのできない巨大な力を持ち，参画しているすべての人びとが，その要求に抗うことが極めて困難な市場という含意がある．そこでは，もはや市場は単なる商品交換の場ではなく，それ自体が非人格的・没心情的な機構（mechanism）として，諸個人の選択に影響を及ぼしていく．

今日の木材売買をめぐって姿を現しつつあるのは，市場のこのような非人格的・没心情的な様相である．新たな市場は，ただ単に地球規模で商品が行き交う場という意味でのグローバル市場ではない．それは，集権的かつ計画的に組織された市場に起源をもち，また，そもそも森林資源の有限性とは無関係に，木材需要に従って生産・加工設備の高度化，流通網の大規模化による効率性を追求する市場である．ローカルな市場を失い，新たな市場競争が定着していくなかで，森林所有者たちは，それまで取引を繰り返してきた馴染みの取引相手ではなくて，非人格的・没心情的な市場と直接相対することになって，否応なくそこに加わるように仕向けられていくことになりつつある．

それゆえ，今日の森林所有者のあいだで，再造林放棄（伐りっぱなし）というかたちで機会主義的な選択が広がっていったことは，あながち不自然な事態とはいえない．むしろ，市場の維持に関与していく機会が失われ，取引のゆくえについて，きわめて不確実な状況が生じたがゆえの合理的な選択の帰結だといえる．

個別の経営の規模と効率性を重視した市場の確立を追求する政策当局にとっては，市場に集まる人びとが日常的な接触を通して生み出す凝集性や，そこから生じる市場の開放性など，とるに足らない，あるいはむしろ市場を組織していくうえでの妨げでしかなかったのかもしれない．しかし，意図したことであれ，あるいは意図しなかったことであれ，それらが市場から取り去られていったことで，森林所有者のあいだに「自分が植えた木を自分が伐ることの何が悪い」といわんばかりの機会主義的な選択が広がっていく状況を食い止めることができなくなっていった．このような事態に至ったことは，森林所有者を包摂するかたちで生起した局所的な社会過程を通して人びとが築き上げた市場の安定が，森林の持続可能性に対して果たしてきた役割の大きさを物語っている．「ローカル・マーケットの危機」を読み解くことは，ただ木材価格が下落していくというだけでなく，そうした事態に対して森林所有者のあいだで機会主義的な選択が広がっていくのを抑えることに成功してきた自律的な対応力を，市場が失っていくという，現代日本の森林が直面しているより困難な現実を浮かび上がらせるのである．

4 食い潰される日本の森？

(1) 市場の転換が生み出した現実

本章では，これまでの検討をふまえるかたちで，戦後日本の森林政策の帰結として木材市場をとりまいて生じた現実について，改めて考察を加えてきた．日本で森林問題というと，木材価格の低迷や自然条件のきびしさがその原因だというのが今なお通説となっている．だが，経済社会学の視点からアプローチしていくと，この問題のより根本的な原因は，むしろ林野庁を中心とする政策当局による高度経済成長期以降の木材市場に対する長期的かつ批判的な介入によって，地域ごと，用途ごとに生起した無数のローカルな市場が新しいタイプの市場に取って代わられ，そのなかで市場が森林所有者に対して開放性を失っていったことだということが明らかになってくる．

もともと木材市場は融通無碍なネットワークに依存していたとはいえ，森林所有者と製材業者，木材業者らが一定程度の凝集性を保ちながら木材供給量や市場の境界の調整を行って，森林へのリターンを生みだし続けてきた．それゆえ森林所有者にとって，市場制度とは可変的なもの，それも自らが加わるかたちで操作可能な開放的な場として捉えられ，取引相手との駆け引きを繰り返しながら，林地の地理的特性や保有資源の実態に合った生産と供給のパターンを形づくってきた．しかし，製材品輸入が本格化した1980年代以降の木材市場では，そうした相互に価格競争を抑制していこうという動機づけは次第に消失し，地域の木材業界はばらばらになっていく一方で，新たな市場が森林所有者たちの頭越しに組織されていくなか，そうした市場の開放的な性質は失われていくことになった．

そもそも戦後日本の木材市場では，当初から木材供給の安定的確保の問題がつきまとっていた．それゆえ林野庁を中心とする政策当局は，供給が安定せず，また零細な業者の集合という面が強かったローカルな木材市場を批判し，自らの目標を木材の生産と供給全体の再編に据え，政策領域を新たに構築しつつ，人びとを組織していくことになった．そのようななかで木材市場から互酬的な相互関係を取り去っていくことが，そしてまたグローバルな価格競争に林業を託すことが，森林にとってのリスクがいかに大きい選択であるか，政策立案者も，そして森林所有者も気づくことがなかったのである．

今日の木材市場に，危機的状況から森林を保護するという点で，特徴的な動きを見出すことは難しい．森林所有者にとって市場はもはや非人格的・没心情的な機構でしかなく，政策領域も，自らの苦難を表明する場としての意義を失っている．そうして，人びとの機会主義的な選択を厳格に抑えてきた木材市場が失われていくなかで，例えば再造林放棄のような，長い年月をかけて蓄積した森林資源を食い潰すような選択が，当初の政策当局の意図に反するかたちで，各地に広がっていくことになったのである．森林の蓄積を維持しながら市況の回復を待つという危機への対応の有効性が失われ，いくら市場に木材を放り込んでも，育林に充てる費用を調達することが難しくなっていくなかで，森林経営の選択は，行き過ぎた伐採へと傾きやすくなっている（図8-2）．戦後，日本の森林を短期間のうちに針葉樹林に切り替えてきた森林行政が，こうした市場をとりまいて生じた新たな現実を等閑視することは，かえって問題への対策の効果を失わせることにつながりかねないように思われる．

図8-2　木材市場の転換と森林の危機

・伝統的な木材市場における森林の危機：
木材不況→製材業者が丸太輸入を停止する→流通する木材量が調整される→価格が再上昇

・市場の転換後の木材市場における森林の危機：
間断のない木材輸入　⇒　個々別々の徹底的な合理化
（→価格競争激化→個々の部門でさらなる効率化→競争激化→…）
→木材流通網の無理な膨張
→強いられる大量生産　⇒　資源の食い潰しが始まる

(2) 経済社会学的アプローチの新たな可能性

森林資源をはじめとする再生可能な自然資源の市場は，パトリック・アスパースも指摘するように，その経済的重要性の大きさにもかかわらず，これまで経済社会学の立場から十分な検討が行われてこなかった研究領域のひとつである［Aspers 2013］．しかし，こうして日本における森林資源をとりまく市場の歴史過程を経済社会学の視点から振り返ると，市場に参画する人びとの関係構造や，そこから生み出される局所的な社会過程が，市場のゆくえのみならず，人間と森林との結びつきそのものを規定してきた実態が明らかになる．この点は，これまで市場をとりまいて築かれる業界秩序や制度過程に関心を寄せ，分析を進めてきたフリグスタイン以降の「市場の社会学」の新たな可能性を指し示すものだといえる．

市場が，危機への対応力を損なわないかたちで安定的，かつ自律的に機能するためには，新しいニーズを的確にキャッチする能力も去ることながら，市場それ自体が，操作可能な制度として理解され，また維持されていることが重要になる．そのために，参画する人びとのあいだで過度な競争や抜け駆けによって緊張が生じないように相互に目を配る一方で，市場の開け閉めを繰り返して，生産と供給の調整を図る．そして，そのようにして相互の働きかけによって維持されてきた操作可能性が取り去られ，市場が自らの力ではどうすることもできないメカニズムとしか感じられなくなったとき，市場は人びとからの信頼を失い，危機への集合的な対応も機能しなくなっていく．

ありとあらゆる環境・資源が市場化の波にさらされ，しかもグローバル市場に投げ込まれて世界中に送り届けられるようになっている現代社会において，環境危機の深刻化とそこに暮らす人びとの日常生活の変容には，市場をとりまく人びとの決定や選択に何らかのかたちで原因となっているケースが数多くある．問題は，市場そのものよりもむしろ，そのとき市場がどのような人びとのあいだで組織され，そこで生起する秩序が，競争にどのような影響を与えていくことになるのか．そしてそれが，人びとの選択肢をどのように規定していくようになるのか，といった点である．そうした環境・資源の持続可能な利用から人びとを切り離していくような経済が地球規模で組織され，正当化されていく過程に光をあてていくうえで，人びとが埋め込まれた社会関係の構造に焦点を据えて市場の特質にアプローチする経済社会学の視点が生きてくる局面があるのではないか．

現代日本の森林の危機をめぐって求められるのも，市場が内包する原理的な限界を指摘するよりもむしろ，このようにして森林所有者が信頼を置いてきた木材市場にかかわってきた人びとが分断され，そうした人びとによる試行錯誤によって生み出されてきた危機への対応力そのものが失われてきた歴史過程にアプローチしていく作業である．そうして森林所有者の行動や判断が埋め込まれた社会関係の構造に焦点を据えることで，現代日本の森林の危機が，戦後森林政策の「意図せざる結果」であると同時に，「不可避の結果」でもあったということが，明らかになっていくのである．

注

1）オストロムは，この「互酬の締出し」について，次のように述べている．「現代の民主主義国家において採られている政策分析と政策の多くは，市民権と自発的なレベルでの協力を締め出している．それらは，効率的な制度をデザインするために，信頼と互酬性の規範を締め出すことによって，局所的な知識を締め出すことによって，倫理的な問題を他者と議論することを締め出すことによって，こうする」[Ostrom 2005：270]．

2）具体的には，「新流通システム」「新生産システム」から「森林・林業再生プラン」に至る一連の政策を指す．「森林・林業再生プラン」については，次章で触れていく．

3）ちなみに訳書では，「絶対的な力をもった市場」という訳語が当てられている［Polanyi 1947：邦訳 55］．

終章
森林の危機と経済社会学

1 その後の森林政策

本書では，現代日本における森林の危機が，木材需要が急増した高度経済成長期における木材の生産と供給に対する政策介入を契機とした木材市場の長期的な転換過程の中で生じていることを，経済社会学の視点から明らかにしてきた．そして，そのような木材市場の転換に対抗するかたちで生起した市場創出の試みとして，「近くの山の木で家をつくる運動」を紹介した．

しかし，そうした森林所有者たちの試みを駆り立ててきた危機意識が林野庁を中心とする政策当局にうまく届いているとは，必ずしもいえないようだ．「新流通システム」，「新生産システム」に次いで2009年に公表された「森林・林業再生プラン」以降の森林政策は，むしろ政策当局自らが森林経営そのものの変革を積極的に担うことで，市場の転換の完遂をめざす姿勢をいっそう鮮明にしている．そしてそれは，「市場の埋め戻し」をめぐる森林所有者たちの試行錯誤の成果を損なう結果となりかねないものである．

「森林・林業再生プラン」は，木材を搬出するための路網の整備などを，複数の所有者が集まって集約的な施業の実施を促進していくことをねらいとしている．拡大造林政策から約50年を経て，成熟が進む人工林資源を大規模かつ効率的に伐採していくことで次代の育林につなげていく意図が，そこにはある．

これによって，まず政策による助成の条件と対象となる事業が大きく変わった．従来の助成は，間伐なら間伐，路網整備なら路網整備というように，事業ごとにバラバラに，小規模な事業でも助成の対象となっていた．これが「森林・林業再生プラン」では，まず所有面積が100ヘクタールを超える大規模な所有者を除いて，100ヘクタール規模で複数の所有者を，森林組合や素材生産業者が集約して「森林経営計画」を示し，そうして集約を委託された事業者が，計画に沿って，間伐と路網整備を一体的に進めることが基本となった．森林経営計画の作成と実施がこうした事業者に委ねられる以上，大規模所有者を除いて，森林所有者自らが育林を担うのではなく，育林を委託することが基本となっている[1]．

市場の転換が進む今日において，森林所有者が市場からリターンを長期的に確保していくうえでは，さまざまな業者のあいだに自ら分け入って交渉の機会を確保し，そこから新たな取引の回路を切り開いていく人物の重要性が増している．「近くの山の木で家をつくる運動」をはじめ，各地の取り組みの中でも，そうした人びとが中心になって，既存の市場のしがらみを乗り越えつつ，取引の機会や利益の配分をめぐって互いが納得のいくかたちで合意や協力を導き出し，市場の不確実な動きを取り除こうとしていた．ただ，日本の森林組合の場合，林野庁が提示するメニューから少しでも多くの補助を得られる事業を探り，それを忠実に実施してきたというのが実態に近く，そうした森林所有者の意見集約や施業の集約といった，細部にわたって条件交渉が行われることになる仕事に長けているとはいえない．にもかかわらず，一連の政策が森林組合に施業集約化や所有者間の合意形成を担うことを求めることになったのは，この政策の立案にあたって，ドイツをはじめとするヨーロッパの林業をモデルとして参照していたことが少なからず関連している．

世界的に森林減少が加速する中で，ドイツは，森林経営による森林管理が持続的に成立してきた国として知られている．木質バイオマスをはじめ，新たな木材の需要が生まれ，林業，木材産業の従事者数が50万人を超えるといわれる［堀 2010：67］．さらに，搬出用の林道，作業道を，植林時から計画的に整備し，路網密度を高めつつ森林を管理してきた点も特長とされる．そのドイツでは，森林組合が，木材の共同販売や間伐，林道整備などの作業に積極的にかかわって，森林の蓄積を維持していくうえで不可欠な存在であり続けてきた[2)]．

そして，「森林・林業再生プラン」の必要性を示す際に用いられてきたのが，梶山恵司氏をはじめ，この政策の立案にかかわってきた人びとが用いる以下のようなドイツ林業に関するある程度図式化された説明であった．

> 木材生産の採算性の向上には機械化が必要なことはいうまでもないが，そのためには，路網整備と安定した事業量の確保が不可欠である．……（中略）……ところが，林道，作業道合わせて120km/haのドイツと比べて，わが国の路網密度は10分の１程度に過ぎず，路網整備はあまりにも遅れている．しかも最大の森林所有層である小規模所有者を取りまとめるシステムがないわが国では，安定した事業量を確保するのは容易でなく……（中略）……林業機械の稼働率は，きわめて低位にとどまっているのが現状である［梶山 2005：11］．

ドイツでも，もともと小規模森林所有者の割合が高く，製材業も小規模経営が中心だった．それが1990年代以降，大型の製材工場が各地に建設され，その過程で木材生産も伸びている［堀 2010：82-88］．これによって木材自給率も向上しているといわれる．

「森林・林業再生プラン」の立案にかかわってきた人びとは，とりわけ，大規模製材工場の需要に対応した施業の集約や，フォレスターに代表される木材の生産や取引に関する専門的な知識をもつ人材の育成などの点にドイツ林業の優位性を見出し，これらをめぐる日本の森林経営の「遅れ」を回復していく施策が必要だと指摘する．森林組合を所有者の集約や合意形成の担い手と位置づけたのは，これまで，どちらかと言えば国が発注する事業に収入の多くを依存してきた日本の森林組合を林業事業体として変革し，林業に対して関心を失っている森林所有者に代わって，効率的で集約的な施業を推進する担い手となる

ことをめざす意図があった.[3)]

路網密度の改善や，機械化の促進など，将来の森林再生を展望していくうえで，この「森林・林業再生プラン」の提案には耳を傾けるべきところも少なくない．これらの点での「遅れ」が，とくにヨーロッパの森林経営と比較したとき，日本の森林経営の非効率性の根本的な原因として浮かび上がってくるのも事実だからだ．だが，現実の政策を見ると，ドイツとの比較も，結局のところ，大規模な製材工場の出現を背景として，森林経営をローカルな文脈から切り離しつつ新たに組織していくという政策当局の関心と一体化されるかたちで推し進められていることは明らかである．高度経済成長期から半世紀以上の年月を経た今日でも，森林政策の目標は依然として大規模な木材供給網を構築し，それを強化することに置かれ，木材価格の低迷が続くなかで，森林所有者が育てた木を売って得た利益を育林に投資するという森林経営のもっとも基本的な前提まで変更を迫るに至っている．

2 ローカル・マーケットからの問題提起

このようにして今日，戦後の森林政策が一貫して追い求めてきた木材市場の転換は，いよいよ完成に近づきつつある．そして，長らく低落傾向が続き，2000年の段階で20％を割り込んでいた用材自給率も，2013年の段階で28.6％まで上昇している（『平成26年度版森林・林業白書』を参照）．その一方で，1980年代には9000万m^3に達していた外材の供給量は，今日では5000万m^3程度で推移し，減少が続いている．しかし，その間，政策当局の介入と森林所有者の試みのあいだに対抗関係が生じていたことや，さらに「近くの山の木で家をつくる運動」をはじめとする森林所有者の側からの試みにこそ，森林の危機を乗り越えていく回路を指し示す問題提起が用意されていることは，政策的にも，また学問的にも正当に位置づけられてこなかったのではないかと思われる．では，森林所有者の問題提起とはどのようなものだったのか．

これまで，こうした森林所有者のあいだから生じた試みを分析するときには，「取引経路の短絡化」や「納材の迅速化」，「輸入木材との差別化」による収益の確保，あるいは「在来技術に対する誇り」といった点に焦点が当てられることがほとんどだった［例えば，坂野上 1996；嶋瀬 2002］．木材価格が長期にわたって低迷するなかで，新たな収益の確保をめざして立ち上がった取り組みだというのが，この試みの一般的な捉え方だったといえる．しかし，ここまで振り返ってきたように，これらの取り組みは，そうして捉えるだけでは，その意義を十分に理解できたとはいえない側面を持ち合わせている．そして，そのような側面にこそ，現代日本の森林が直面する危機の本質を見出すことができるというのが，経済社会学的アプローチによって明らかになってきたことである．

もともとの木材市場は，それぞれが狭く目の届く範囲で形づくられた義務関係――例えば，これだけ良質な木材を供給したんだからこれくらいの価格は当たり前，というような関係――を基礎にして形づくられる互酬を基礎とする市場だった．そして，そこから発達する隙のないネットワークが，市場の開け閉めや供給の調節といったかたちで市場が過度な価格競争に陥ることを防ぎ，また森林所有者が森林の蓄積を損なうことなく経営を存続していくことを可能にしていた．

今日，日本の森林が危機的状況に陥っているのは，このようにして競争を集合的にコントロールしながら育林を支えてきた木材売買のネットワークがばらばらにされて，市場が危機への対応力を失ったことに起因している．木材価格の下落そのものよりもむしろ，木材価格が下落していく状況に対して歯止めをかける力を市場が失っている実態にこそ，危機の現代的特質を見出すことができる．問題は，そうした市場がもっていた「森林の危機への対応力」の喪失が，高度経済成長期以降，およそ50年間にわたる木材供給をめぐる政策介入の長期的な帰結として生じているということである．それまで地域ごと，用途ごとに市場を隔ててきた境界が失われ，グローバルな木材市場と直接向かい合うことを余儀なくされていくなかで，森林所有者は，価格競争に無防備にさらされていくことになった.

こうした市場のもつ危機への対応力の喪失が,木材供給をめぐる集権的な計画の帰結であったのに対して,「近くの山の木で家をつくる運動」のような試みは,問題に対して森林所有者のあいだから立ち上がった自然発生的な反応であった.育林を継続する可能性を探る人びとのあいだでは,ローカルな社会過程から切り離されていった市場を,もう一度埋め戻すことで相互作用のチャンネルを切り開き,危機に対応しようという試みが,今もなお続けられている.

当然ながら,こうした市場に供給される木材のロットは現状では小さく,地球規模で大ロットの木材を調達する現状の木材市場から意図的に切り離され,接続されることもない.しかしながら,そのことを指してローカルな木材市場は規模拡大を追求する志向性が弱いとか,効率性が低いと決めてかかるのは,おそらく間違いである.そのようなタイプの市場が形成されるのは,そこに集まる人びとが目下のところ求めているのが,あるいは現段階で創出できるのが小規模な市場だということに過ぎない.今後は,このような市場での取引で得た収益を足がかりにして,遅れていた育林への投資を再開し,また周囲の所有者との合意形成に時間を割いていく所有者も現れてくるだろう.さらにそれがうまくいけば,個別の供給能力に適した林道の整備や乾燥・加工設備の開発も進み,そこから関与する森林所有者の数を増やして,複数の所有者が協力してより効率的,かつ大規模な供給を手がけつつリターンを生み出していくケースもやがて出てくるのではないかと思われる[4)].

その意味で,戦後の森林政策が一貫して変革を追求してきたローカルな木材市場は決して,非論理的な,あるいは脈絡のない気まぐれな市場ではない.規模も関心もそれぞれに異なる人びとが集まって,互いを潰し合うことなく共同で相互の利益の安定を図っていくという意味では,むしろ現状の木材市場が失った「森林の危機への対応力」を保持しながら供給規模の拡大や効率化を図っていく可能性をもつ市場でもある.高度経済成長期以降の森林政策は,このようなローカルな木材市場をめぐって生み出される手探りの試行錯誤を批判し,分断していくことはあっても，新たに育てていくことは決してなかったのである．ローカルな市場に備わっていた危機への対応力を損なうことなく，むしろそれを足がかりにして問題解決の可能性を探っていくという森林所有者たちの戦略は，このような現実を生み出してきた歴史過程そのものに対する問題提起であった．

3　森林の有限性という現実

そして，このような森林所有者たちの対応は，日本の森林政策だけでなく，世界的に進行する森林の危機の解決をめぐっても，一考に値する問題を提起しているように思われる．

周知のとおり，今日，森林資源をめぐっては，東南アジアや南米諸国など，収奪的な利用とそれにともなう減少が世界的に問題となっている．違法伐採対策や認証制度の確立をはじめ，さまざまな対策が，政策当局やNGO，国際機関など，幅広いアクターがかかわるかたちで具体化されているが，その関心の中心は，各国の法的規制をも凌駕するかたちで森林資源に作用する木材市場の制御にある[5]．

現代のグローバルな木材市場は，その歴史的経緯から言って，森林の持続可能な利用を人びとに喚起する機能を内蔵していくような調整の経験を積み重ねてきたとは言い難い．むしろ自由貿易の拡大に力を借りるかたちで，その再生能力の限界を上回る大量の森林資源を引き寄せ，世界中に分配する役割を担っている．その一方で，途上国を中心に，過剰な伐採に対するチェックが政府レベルでも，市民レベルでも不完全で，資源の減少を防ぎきれずにいる．さまざまな対策は，このような現状に対して，外部から監視や規制のシステムを構築することで，森林資源に対する市場の作用を緩和しつつ，持続可能な利用に近づけていこうという意図から立ち上がったものである．

それに対して本書で紹介した森林所有者たちの試みは，こういった立場からのアプローチと比較すると，正反対の側面を持つ問題への対応だといえる．つまりそれは，基本的に市場に対して外側から規制をかけるのではなくて，市場の内側で関係構造を組み替え，保有する資源や供給能力に応じて取引の機会や収益の配分について調整を繰り返しながら，市場それ自体のもつ「危機への対応力」を自律的に取り戻していこうという試みであった．木材産業を巻き込んで，再生能力とは無関係に資源を確保し供給しうるという現実を人為的に創り出したという意味で「擬制」を具現化してきた現状の木材市場を，「市場の埋め戻し」を通して森林資源の有限性という現実に引き戻す試みだと言い換えることもできる．

手持ち資源を元手に育林を継続していこうとするとき，所有者は，森林の有限性という現実に否が応にも直面せざるをえない．しかしながら現状の市場は，そのような現実とは無関係に，資源を探し求め，供給能力の強化を促していく．森林所有者の対応を方向づけていたのは，そのような市場が生み出す現実に対する危機感であった．

当然ながら，地球規模で組織された市場に起因する問題への対処は，当該国の政府のみならず，国際機関やNGOとも連携して取り組まれなければならない．だが，より根本的には，国内的にも世界的にも森林資源の有限性という現実を直視し，再生能力の範囲内で市場を自律的に組織していくアクションが生まれ，育たなければ――ましてやその機運を摘み取っているようでは――，規制の強化を中心に据えた市場の外部からのアプローチも，その場しのぎの対応にとどまりかねない．実際，規制の有無や強弱よりもむしろ，現状の市場制度そのものが，森林の長期的な利用にとっては，リスクを生み出している要因だということを，本書で見てきた森林所有者たちの対応は告げている．

そして，このような市場の内側から立ち上がってくる人びとの集合的な実践を掘り起こし，またこうした萌芽的な実践の数々が育林に対して果たす役割を明らかにしていこうとするとき，経済社会学は，ひとつの有力なアプローチとなるのではないだろうか．そのなかではとくに，これまで明らかにしてきたローカル・マーケットに備わっていた具体的な機能，すなわち市場に集まる人びとの凝集性と市場の境界の開放性をどのようにして担保しながら市場を組織していくのか．あるいは，そうした市場を自律的に組織していく動きを森林政策はどう手助けしていくことができるのか，といったことが焦点となる．そうした議論からは，市場を，また政策領域を，森林管理を担う人びとが不満や苦境を表明し，調停する場として整えつつ，市場にかかわっていく人びとの発言力を等しく確保していく努力の重要性が，改めて見出されていくはずである．

4　森林の危機と経済社会学

「近くの山の木で家をつくる運動」に代表される近年の森林所有者たちによる試みは，「自然保護」を標榜するわけでもなく，あるいは単純明快な「市場原理」の重要性を主張してきたわけでもない．むしろ，これらとは一線を画しながら独自の問題解決策を見出してきたところに，その「捉えにくさ」がある．しかし，そうした「捉えにくさ」の原因は，この試みにどこか中途半端な面があったからというよりも，森林の危機をめぐる学問的言説や論争が，これを意味づけるうえで有効な着眼点を生み出してこなかったことに起因しているといっていい．森林問題をめぐるこれまでの議論を見ていても，このような試みから森林所有者が相対する現実を捉えていこうという志向は希薄で，そうした現実とは乖離していく議論の数々が，かえって育林の現場で葛藤や混乱を引き起こしてきたように思われてならない．

これに対して本書では，森林所有者たちによるこのような試みに経済社会学の視点からアプローチすることで，従来の分析ではその限界を指摘し，変革の必要性を説くことに終始してきた森林所有者の対応のもつ意味を実証的に明らかにしていくとともに，現状の木材市場のあり方を問い直すことをめざしてきた．森林所有者の対応が，さまざまな理念的な立場が求める姿から乖離していく実態を批判的に捉えるのではなく，木材市場をとりまいて生じる個別具体的な社会過程に注目することで，そうした対応を生んだ構造的背景を解明し，そこから森林の危機の内実に改めてアプローチしていった．

その結果，「近くの山の木で家をつくる運動」は，同じく市場創出をめざす試みではあっても，現状の木材市場に対する異議申し立てを含む対抗的な市場創出の試みであること，そして，そのような異議申し立てが生じるのは，それまで森林所有者たちが信頼を寄せてきた地域ごと，用途ごとに組織された市場が，新たな木材市場に取って代わられるかたちで衰退が進み，さらにそのなかで，育林そのものの確実性が失われていったからだということが明確になっていった．今日，森林所有者のあいだで広く見られるようになった再造林放棄や林地の転売といった機会主義的な選択の広がりは，木材価格の低迷もさることながら，こうして木材市場をとりまいて築いてきた社会関係の構造が，急激な転換を経験してきたことの表れなのである．

問題は，この新たに出現した木材市場が，木材供給の拡大を追求する政策的な介入によって計画的に生み出された市場を起源にもち，またそうしてローカルな社会過程とは隔てられつつ形づくられた市場であるがゆえに，森林所有者へのリターンについて，市場の内側で解決策を見出していこうという関心が希薄だという点である．新たな市場は，「森林の危機への対応力」を自ら生み出すことはない．だから，今日の木材市場では，森林所有者がいくら市場に木材を放り込んでも，育林に充てる費用を安定的に調達することが難しく，わずかな木材価格の変動が，管理放棄や，ともすれば行き過ぎた伐採へとつながりやすくなる．それは，現状の木材市場が，森林の蓄積の制御を担ってきた人びととのあいだでの有機的な結びつきを築けていないということを意味している．

定期的に，あるいは必要な時に一定量の伐採を行って，そこから植林や造林の費用を調達しながら森林の蓄積を維持し続けることが，森林経営にとってひとつの理想である．そうした最適状態を具体化するためには，一定程度の予測や計算が成り立ち，また一過的な需要の影響を最小限にしつつ価格競争を引き起こしにくい市場を，日ごろから形づくっておくことが重要になる．そしてそのうえでは，個別の経営の規模や効率性の追求よりもむしろ，人びとを橋渡しし，信頼関係を構築しながら取引の回路を切り開いていく機知に富む人物による「巧妙な仕事」［Fligstein and McAdam 2012］が際立ってくる．「近くの山の木で家をつくる運動」でも，市場の内外で人びとを束ね，また結合を操作する人物の動きが，森林へのリターンを安定させてきた．このことは逆に言えば，こういったネットワークの中で重要な位置を占めつつ多くの判断を担う人物が林業から離れていくことが，問題への対応を難しくすることを示唆してもいる．

しかし，現状の森林政策を見る限り，こうした人びとの動きは，一部の森林所有者や製材業者の限定的な動きとして語られるのみで，制度のなかに正当に位置づけていこうという機運が高まっているとはいえない状況が続いている．だがこうして問題の構図が明確になった今，森林政策を構想していくうえで求められるのは，こうした人びとの行動や判断をうまく組み入れるようなかたちで，またそれを供給の安定的確保に結びつけていくようなかたちで制度を設計していくことではないだろうか．木材市場をとりまく不確実性を取り除きつつ，市場が安定的にリターンを生み出し続ける条件が探られ，またそこからより持続可能な森林管理を追求していく可能性が森林所有者のあいだでの試みから見出されてきたことが明らかになってきている以上，ローカルな市場に挑戦することを改革と呼ぶ時代は，そろそろ終わりにしてもいいと思う[6)]．

これまで日本の森林政策は，森林所有者や製材業，木材業の絶え間のない駆け引きや，あるいは妥協も含む局所的な社会過程から見出された「森林の危機への対応力」を備えた市場そのものを変革の対象と位置づけてきた．そして，その変革が成し遂げられようとしている今日，森林所有者のあいだで保有する木材を伐り尽くす動きが広がる実態を市場それ自体の力で食い止めることができていない状況に陥っている．

厳しい市場競争が常態化した今日において，木材産業全体の非効率性に関する指摘も，あるいは森林管理の新たな担い手の必要性に関する指摘も，それぞれ説得力のある指摘だということは十分に理解できる．しかし，少なくとも今日の森が直面する危機的状況を，森林所有者をとりまいて広がった人びとの分断を克服しながら，新たな展望を得ていこうという機運が現状の木材市場の内側から，あるいは政策当局の内側から生じない限り，しばらくは，森を荒らす森林所有者の広がりに歯止めがかかることはないだろう．その意味で，日本の森林再生は，まだ先が遠いといわざるをえない．

注

1）このような施業の集約をめぐる提案は，「新たな林政の展開方向」として，すでに2000年の林政審議会の中で示されている．「林業の採算性の悪化や森林所有者の世代交替等に伴い，森林所有者が林業や森林への関心を失いつつあり，……（中略）……間伐，伐採後の植栽等の必要な施業や森林の管理が行われないまま放置される森林が発生している．このような状況を踏まえ，政策の方向について，個々の森林所有者は自ら林業を営むとの前提に立って森林所有者を支援していくという考え方から，林業経営意欲を有する者を中心に林業生産活動を維持し，森林の適正な管理を推進するという考え方に転換することが必要である」（2000年10月発表，『新たな林政の展開方向』 8ページ）

2）ドイツでは，森林組合はしばしばForstbertriebsgemeinschaftと呼ばれる．そのまま翻訳すると「森林事業共同体」となる．

3）だが私見では，ドイツをはじめ，ヨーロッパの林業の優位性は，必ずしもそうした効率性にあるのではなく，むしろ市場競争を地域的な社会過程のなかで制御していく余地を残しながら効率化を推し進めてきた点に優位性を見出すことができるのではないかと考えている．例えば市有林などでは，定期的な会合に森林組合関係者を招いて，一定の期間の木材の販売価格について説明をし，合意を得ていくといった段取りがふまれる．以前は数年単位で固定的だった販売価格も，近年は例えば半年単位といったかたちで短縮されている様子もうかがえるが，地域の社会過程を通して木材販売を制御することが試みられ続けているのである．こうしたヨーロッパの木材市場の動向についての詳細は，別稿を期したいと考えている．

4）そして，今日の新たな森林政策が展開する最中でも，森林所有者の存在形態に合致した販路を再構築し，所有者の森林管理への意欲や動機づけを取り戻そうとする動きは，依然として活発である．なかでも，小規模森林所有者への森林・林業再生プランとは異なるアプローチとして最近注目されているのが「自伐型林業」である．

もともと小規模森林所有者による施業は，森林組合などに委託するよりもむしろ，自分で山に分け入って伐採し，木材をトラックに載せて市場まで運んで販売するというパターンが基本だった．しかし今日，木材価格の下落に加えて，市場からの距離の長さやライフスタイルの変容などによって，所有者たちは，自伐から遠ざかっている．そこで，山林に近接する地点に誰でも，また少量でも木材を持ち込むことができる新たな土場（ストックヤード，集積基地）を確保して，そこで仕分けし，販売するというのが基本である．土場で引き受ける木材は，間伐後，森に放置された林地残材をはじめとしたこれまで市場では引き取られることのなかった木材が中心である．土場ではこうした林地残材を金券（モリ券）との交換で引き取って，バイオマス発電用のチップや薪に加工して供給している．

一方，岡山県真庭市では，2005年に策定したバイオマスタウン構想に基づいて，真庭木材事業協同組合が中間ストックヤードを建設し，トン当たり，スギを3000円，ヒノキを4000円，広葉樹を5000円に固定された価格で回収し，加工する取り組みを始めた．加工したチップやペレットは，市庁舎の冷暖房や農家の温水ボイラー用に活用されている．そこで日に1万円以上を稼ぐ所有者も現れるなど，当初の想定を上回る利用の広がりを見せる一方で，運搬距離の問題で出材を控えている所有者も少なくないといわれる．また，原木市で売れ残った木材も受け入れているほか，隣接する新見市からも木材が流れてくるようになっている．

重要なのは，各地で立ち上がった新たな試みが，普段は森に入ることのできる機会が限られている森林所有者のライフスタイルをふまえた形で組織されてきた点である．運営の担い手が安価な設備の紹介や技術指導を行っているところもあって，普段はサラリーマンとして暮らしている山主が休日に山に入り，安価な軽架線で木材を搬出してそれを軽トラックで持ち込むパターンも想定されている．

5）世界的に代表的な森林認証機関となったFSC（Forest Stewardship Council）の場合，2000年に入る段階で2000万ヘクタール程度だった森林認証面積は，近年は1億ヘクタールを超え，世界の森林の3％程度が認証を受けているとされる．

6）ほかならぬ「森林・林業再生プラン」がモデルとして参照してきたドイツの林業についても，「細分化した森林を法律によってさらに大きな単位にまとめる試みは100年以上前から行われているがほとんど失敗してきた」と指摘されてきたことからも明らかなように［Hasel 1971：邦訳 315］，むしろこれを国家が主導して進める森林所有者の集約に共通して見て取れる現象として捉えたうえで，その現代的な限界を探るべきだと思われる．

付表1　山元立木価格の推移（スギ／ヒノキ）

（単位：円）

年	スギ	ヒノキ	年	スギ	ヒノキ
1950	1,006	1,118	1983	17,076	35,461
1951	1,844	2,102	1984	16,347	33,068
1952	2,573	2,907	1985	15,156	30,991
1953	4,126	4,740	1986	14,144	29,738
1954	5,405	5,980	1987	13,623	29,627
1955	4,478	5,046	1988	14,071	31,897
1956	5,232	5,879	1989	14,282	32,384
1957	6,260	6,878	1990	14,595	33,607
1958	6,501	7,256	1991	14,206	33,153
1959	6,702	7,435	1992	13,060	30,314
1960	7,148	7,996	1993	12,874	30,102
1961	9,081	10,393	1994	12,402	29,172
1962	9,707	10,864	1995	11,730	27,607
1963	9,732	11,000	1996	10,810	25,469
1964	9,653	10,839	1997	10,313	24,603
1965	9,380	10,645	1998	9,191	21,436
1966	9,757	11,284	1999	8,191	19,840
1967	11,432	14,305	2000	7,794	19,297
1968	12,879	17,420	2001	7,047	18,659
1969	13,375	19,494	2002	5,332	15,571
1970	13,168	21,352	2003	4,801	15,571
1971	12,040	19,772	2004	4,407	14,291
1972	11,914	19,661	2005	3,628	13,924
1973	16,574	28,137	2006	3,332	11,988
1974	19,625	34,163	2007	3,369	10,508
1975	19,726	35,894	2008	3,164	9,432
1976	19,580	36,718	2009	2,548	7,850
1977	19,631	36,573	2010	2,654	8,128
1978	18,642	34,566	2011	2,838	8,427
1979	19,087	36,576	2012	2,600	6,856
1980	22,707	42,947	2013	2,465	6,493
1981	20,214	39,977	2014	2,968	7,507
1982	18,366	37,501	2015	2,833	6,284

出所）『林業白書』および『森林・林業白書』各年度版を参照して筆者が作成.

付表 2　木材需給量の推移：1955-2014 年

（単位：千m^3）

年	総需要量	供給元		自給率
		国内	国外	
1955	45,278	42,794	2,484	94.5%
1956	48,515	45,238	3,277	93.2%
1957	51,214	47,713	3,501	93.2%
1958	48,011	43,794	4,217	91.2%
1959	51,124	45,438	5,686	88.9%
1960	56,547	49,006	7,541	86.7%
1961	61,565	50,816	10,749	82.5%
1962	63,956	50,802	13,154	79.4%
1963	67,761	51,119	16,642	75.4%
1964	70,828	51,660	19,168	72.9%
1965	70,530	50,375	20,155	71.4%
1966	76,876	51,835	25,041	67.4%
1967	85,947	52,741	33,206	61.4%
1968	91,806	48,963	42,843	53.3%
1969	95,570	46,817	48,753	49.0%
1970	102,679	46,241	56,438	45.0%
1971	101,405	45,966	55,439	45.3%
1972	106,504	43,941	62,563	41.3%
1973	117,581	42,209	75,372	35.9%
1974	113,040	39,474	73,566	34.9%
1975	96,369	34,577	61,792	35.9%
1976	102,609	35,760	66,849	34.9%
1977	101,854	34,231	67,623	33.6%
1978	103,417	32,558	70,859	31.5%
1979	109,786	33,784	76,002	30.8%
1980	108,964	34,557	74,407	31.7%
1981	91,829	31,632	60,197	34.4%
1982	90,157	32,154	58,003	35.7%
1983	91,161	32,316	58,845	35.4%
1984	91,361	32,874	58,487	36.0%

（単位：千m^3）

年	総需要量	供給元		自給率
		国内	国外	
1985	92,901	33,074	59,827	35.6%
1986	94,506	31,613	62,893	33.5%
1987	103,136	30,984	72,152	30.0%
1988	106,282	30,998	75,284	29.2%
1989	113,850	30,586	83,264	26.9%
1990	111,160	29,367	81,793	26.4%
1991	112,166	27,999	84,167	25.0%
1992	108,530	27,165	81,365	25.0%
1993	108,383	25,597	82,786	23.6%
1994	109,501	24,477	85,024	22.4%
1995	111,930	22,915	89,015	20.5%
1996	112,325	22,483	89,842	20.0%
1997	109,901	21,564	88,337	19.6%
1998	92,056	19,331	72,725	21.0%
1999	97,807	18,762	79,045	19.2%
2000	98,597	17,930	80,667	18.2%
2001	91,247	16,757	74,485	18.4%
2002	88,127	16,077	72,050	18.2%
2003	87,191	16,155	71,036	18.5%
2004	89,799	16,555	73,245	18.4%
2005	85,857	17,176	68,681	20.0%
2006	86,791	17,617	69,174	20.3%
2007	82,361	18,626	63,735	22.6%
2008	77,965	18,731	59,234	24.0%
2009	63,210	17,587	45,622	27.8%
2010	70,253	18,236	52,018	26.0%
2011	72,725	19,367	53,358	26.6%
2012	70,633	19,686	50,947	27.9%
2013	73,867	21,117	52,750	28.6%
2014	72,547	21,492	51,054	29.6%

注）ここに示すのは「用材需給」の推移である.
出所）『林業白書』および『森林・林業白書』各年度版を参照して筆者が作成.

付表 3　プレカット工場の数とプレカット工法のシェア：1990-2014 年

年	工場の数	シェア（%）
1990	483	8
1991	589	11
1992	600	14
1993	654	18
1994	717	26
1995	784	32
1996	874	37
1997	881	41
1998	888	45
1999	867	48
2000	877	52
2001	858	55
2002	869	58
2003	871	62
2004	871	76
2005	837	79
2006	847	81
2007	848	84
2008	830	84
2009	795	86
2010	768	87
2011	730	88
2012	707	88
2013	702	90
2014	671	90

出所）『林業白書』および『森林・林業白書』各年度版を参照して筆者が作成.

付表 4　構造用集成材の生産量：1990-2014 年

（単位：千m^3）

年	小断面	中断面	大断面
1990	9	16	12
1991	9	17	17
1992	9	18	17
1993	10	22	20
1994	20	29	23
1995	44	37	30
1996	142	61	35
1997	195	66	29
1998	179	93	34
1999	247	121	35
2000	326	189	36
2001	391	293	40
2002	444	408	46
2003	574	526	54
2004	607	582	52
2005	646	594	41
2006	646	791	30
2007	519	619	19
2008	539	560	17
2009	495	576	22
2010	576	692	26
2011	585	689	27
2012	621	718	29
2013	671	783	33
2014	646	719	41
2015	600	705	37

出所）『林業白書』および『森林・林業白書』各年度版を参照して筆者が作成.

付表 5　森林経営の動向

（単位：千円）

年	▼全国平均（山林所有面積20～500ヘクタール）				▼全国山林面積100～500ヘクタール			
	林業所得	立木販売収入	雇用労賃	請負わせ料金	林業所得	立木販売収入	雇用労賃	請負わせ料金
1971	651.2	525.8	148.0	53.7	…	10,966.1	…	…
1972	913.5	758.4	149.6	76.4	3,795.9	3,383.9	975.4	413.1
1973	986.5	732.7	175.1	71.1	5,525.1	4,252.9	1,113.7	479.7
1974	1,002.4	969.5	230.1	96.6	3,544.1	4,058.8	1,415.8	509.1
1975	807.0	844.8	266.9	103.0	3,585.3	4,914.8	1,551.8	596.8
1976	1,058.7	947.7	286.4	118.4	3,628.3	4,880.0	1,666.8	857.6
1977	858.1	788.9	284.6	130.5	3,230.8	4,107.5	1,785.9	965.6
1978	954.5	882.2	252.7	167.3	3,793.0	4,874.7	1,647.7	1,201.9
1979	1,269.0	1,025.7	246.1	154.1	4,962.4	5,134.4	1,727.8	970.0
1980	1,082.9	932.9	256.6	189.2	4,719.0	4,631.6	1,693.2	1,375.0
1981	1,017.7	903.2	274.9	246.1	3,620.5	4,148.4	1,801.6	1,697.8
1982	1,010.2	885.0	243.1	254.6	3,285.7	3,862.7	1,679.6	1,601.4
1983	760.3	647.7	204.1	242.7	3,054.2	3,319.1	1,371.6	1,843.0
1984	803.3	502.2	212.8	241.8	3,103.7	2,774.9	1,442.0	1,725.5
1985	910.5	745.4	182.7	298.7	4,370.2	4,059.5	1,315.9	1,815.3
1986	734.0	564.8	178.8	234.1	3,121.3	2,830.8	1,252.5	1,782.0
1987	914.4	552.4	174.3	261.2	3,679.7	2,489.6	1,147.3	1,814.7
1988	992.6	673.7	177.0	305.6	4,794.2	3,713.3	1,300.0	1,884.4
1989	1,117.4	692.8	171.6	277.7	5,561.8	3,614.5	1,420.9	1,702.8
1990	1,264.6	808.4	184.2	275.6	5,934.2	4,115.3	1,325.5	1,654.8
1991	940.7	544.9	165.9	324.2	3,504.7	2,519.6	1,120.5	1,784.0
1992	719.1	441.5	196.4	373.9	4,280.9	2,464.8	1,441.2	2,060.5
1993	735.5	617.1	162.6	376.2	2,059.6	2,302.8	1,006.8	2,253.1
1994	653.2	393.5	157.3	318.8	2,698.6	2,382.2	1,090.1	2,044.5
1995	631.9	434.4	154.6	408.1	2,181.4	2,046.3	951.9	2,447.8
1996	740.2	396.5	132.4	384.5	2,910.0	2,276.7	788.3	2,693.0
1997	385.2	340.0	117.2	364.5	1,982.3	1,897.1	722.9	2,116.8
1998	390.7	313.0	110.9	346.7	1,576.0	2,413.6	547.7	2,240.1
1999	358.0	284.7	95.4	342.6	1,108.8	1,735.6	414.4	2,238.4
2000	259.9	219.8	87.1	334.5	775.5	1,026.8	358.7	2,277.0
2001	213.4	184.3	75.3	305.4	360.9	830.5	302.3	2,083.3

注 1）データは，『林家経済調査報告』にもとづく.
2）「雇用労賃」には，「労働災害保険」も含む.
3）2002年以降については，林家の階層区分等に大きな変更があったため，経年変化を追うことができなくなっている.

あとがき

私の論文や報告に対するコメントとして，きまって前置きされる言葉がある．それは，この研究が日本の森林の危機について，「林業の世界に存在する特有のネットワークに注目して……」という前置きである．本書にそのように読み取ることができる面があるのも確かなのだが，これは，この研究が本来意図していることとは若干ズレる（というよりも，このように指摘されることで，私自身改めて気づかされたことがある）．

実は，私自身，ここまで振り返ってきたローカルな木材市場や，あるいは「近くの山の木で家をつくる運動」を典型とする森林所有者たちの試みが，林業に特有のネットワークのパターンだったり，あるいは経済のメカニズムだとは必ずしも思っていない．むしろ日本社会に限らず，将来の状況を見通すことが困難ななかで，限られた資源を損なうことなく経済を組織しようとするとき，普遍的に出現する経済の形態だと思っている．とりわけ林業は，投じた資金を回収するまで，長い年月と重い労働力負担を必要とするうえ，近年は木材価格の変動も激しい．そうした不確かな状況を解消しようとするとき，森林所有者たちがローカルな文脈への「市場の埋め戻し」に活路を求めたことはそれ自体，ごく真っ当な戦略だったといえる．

問題は，むしろこれを「真っ当」，あるいは「合理的」な経済のパターンとは誰も思わなくなっている現実のほうである．万物のグローバル化が進行する現代世界の経済システムにおいて，こうした経済のあり方の意義が省みられる機会は，残念ながらそう多くはない．とくに今の日本社会では限られているように思う．そして，そうした現実が，このような試みの「特有さ」を際立たせているともいえる．しかしだからこそ，人びとの不断の試行錯誤から何を読み取り，またそこから現状の経済システムをどう考え，見直していくのかが問われてくるのではないか．あるいは，こうした試みを「時代遅れ」として片づけてしまうのではなく，市場経済の普遍的な姿として捉えることはできないか．こうして，小さな規模での資源の循環を絶えず生み出す，互助的でありつつも，絶え間のない緊張感に包まれた世界としてローカルな経済システムの実態を捉え直し，その存在意義を証明していくことこそが，本書の出発点となったもっとも根本的な動機であった．

とはいえ，こうした関心を明確化し，さらにそれをひとつの形にしていくことができたのは，多くの方々にご指導いただいたおかげである．

学部時代にゼミで指導いただいた堀川三郎先生には，論文執筆から調査技法に至るまで，学問研究の基盤となる作法を教えていただいた．大学院進学以降，ご指導いただいた故・舩橋晴俊先生は，研究のベクトルを定めていくうえで数多くのきっかけを与えていただいた．なんといってもまだ拙かった私の研究を「これは経済社会学ですね」と最初におっしゃったのは，ほかならぬ舩橋先生である．そして，大学院時代の後半をご指導いただいた池田寛二先生との出会いは，学問研究における自由の在り処について，私自身が深く考えるきっかけとなっている．思えば先生の講義を初めて聴講してからすでに20年以上の年月が経過したが，私の指導教授となっていただいてからは，共同で調査研究する機会をいただいた．理論や視角は思考を型にはめるものではなく，先に進めるための推進力だということを改めて実感することができたのは，調査の中での先生とのディスカッションを通してである．そのほか，森久聡氏，大門信也氏，茅野恒秀氏らとの交流も含め，本書は，筆者が約10年間の研究生活を過ごした法政大学大学院の特別な雰囲気の中で醸成されたといって過言ではない．

その間，本書でも紹介した徳島県や兵庫県をはじめ，数多くの林業の現場と接する機会を得ることができた．よく知られているように，今日の森林経営は，多くの部分が補助金によって支えられている．そして，現状の木材市場が抱える問題を指摘することは，ともすれば政策とは真逆の立場をとることになりうることをほかならぬ森林所有者自身がよく理解しているだけに，実際のところ，そうした問題が直接的に語られる場面に接する機会はそれほど多くはない．そのようななかで，森林所有者や設計士をはじめ，当事者が森林の危機を率直に語りあう場面に出会えたことは，今振り返ればたいへん幸運なことだったと思う．調査を始めた当初は，専門的な業界用語にも疎く，ひとつひとつの発言の文脈を理解することにも手間取っていたが，今こうして本書を書き上げた段階で，危機の現状を多少なりともまとまったかたちで理解できたのではないかと思っている．

本書のもとになっているのは，筆者が2009年に法政大学大学院に提出した博士論文『現代森林荒廃問題の政策的源流――戦後日本の木材市場の興亡に関する経済社会学的研究』である．書籍化にあたっては，その後の動向についてフォローするかたちで発表したいくつかの論文も組み込んで改めて編集を行っている．以下に挙げるのは，本書ととくに関連の深い既発表論文である．

「林業問題の経済社会学的解明――徳島県下の林業経営者の取り組みを手がかりに――」(『社会学評論』57（3），pp.546-563，2006年)．

「首都圏山村社会における地域資源管理の現状――山林問題を中心にして――」(池田寛二・大倉季久編『首都圏山村社会の現状と課題（1）：神奈川県津久井町青根地区住民意識調査報告書』(2005年度法政大学社会学部社会調査実習報告書)，法政大学社会学部社会調査室，pp.207-218，2006年)．

「環境社会学としての『新しい経済社会学』――デフォレステーションの比較経済社会学に向けて――」(『経済社会学年報』30，pp.135-144，2008年)．

「ローカル・マーケット論の文脈――日本森林荒廃史の書き換えに向けた足がかり――」(『桃山学院大学社会学論集』44（2），pp.165-191，2011年)．

「近くの山の木で家をつくる運動の形成――『ローカル・マーケットの危機』が問いかけるもの――」，(池田寛二・堀川三郎・長谷部俊治編『環境をめぐる公共圏のダイナミズム』法政大学出版局，pp.192-210，2012年)．

「森林の危機と『新しい公共』――『森林・林業再生プラン』の構想と現実

――」(『公益学研究』13（1），pp.1-10, 2013年).

本書は，桃山学院大学の「2017年度学術出版助成図書」として刊行される．出版にあたって，お声かけいただいた晃洋書房の丸井清泰氏には格別のお世話になった．宮内泰介先生に帯文を寄せていただくことになったのも，氏と先生とのご縁が基盤になっており，本書はまさしく丸井氏の巧妙な仕事（tricky task）の産物といえる．本書の主張の核心部分を明快につかまえてくださった宮内先生にも，ここでお礼を申し上げたい．

また本書のカバーに描かれているのは，2015年から16年にかけて，筆者が在外研究で滞在したドイツ・ライプツィヒで知り合った画家の宮内博史氏による作品である．アーティストとしての平穏な日常をかき乱す無茶なお願いにもかかわらず描いてもらえたこと，最後に記して感謝申し上げる次第である．

2017年9月

大倉季久

参考文献

〈邦文献〉

赤井 英夫

1980 『木材供給の動向と我が国林業』日本林業調査会.

赤堀 楠雄

2010 『変わる住宅建築と国産材流通』(林業改良普及双書165), 全国林業改良普及協会.

天野 礼子・山田壽夫・立松和平・養老孟司

2008 『21世紀を森林の時代に』北海道新聞社.

安藤 嘉友

1983 「木材資源問題の新たな展開と木材産業の再編成」, 鷲尾良司・奥地正編『転換期の林業・山村問題』新評論, pp.13-30.

1992 『木材市場論——戦後日本における木材問題の展開——』日本林業調査会.

牛丸幸也・西村勝美・遠藤日雄編

1996 『転換期のスギ材問題——住宅マーケットの変化に国産材はどう対応すべきか——』日本林業調査会.

遠藤 日雄

2005 『木づかい新時代』日本林業調査会.

大倉 季久

2006 「林業問題の経済社会学的解明——徳島県下の林業経営者の取り組みを手がかりに——」『社会学評論』57(3), pp.546-63.

2008 「環境社会学としての『新しい経済社会学』——デフォレステーションの比較経済社会学に向けて——」『経済社会学年報』30, pp.135-44.

2012 「近くの山の木で家をつくる運動の形成——『ローカル・マーケットの危機』が問いかけるもの——」, 池田寛二・堀川三郎・長谷部俊治編『環境をめぐる公共圏のダイナミズム』法政大学出版局, pp.192-210.

2013 「森林の危機と『新しい公共』——『森林・林業再生プラン』の構想と現実——」『公益学研究』13(1), pp.1-10.

岡村 明達編

1976 『木材産業と流通再編』日本林業調査会.

荻 大陸

1988 『東濃檜の商品論的研究』京都大学博士論文.

2009 『国産材はなぜ売れなかったのか』日本林業調査会.

小野田 法彦編

1991 『新産地の加工・流通基地づくり』(林業改良普及双書108), 全国林業改良普及協会.

加古川流域森林・林業活性化センター編

2004 『木造の生活空間創造による森林の育成――「丹治の森」での森林保全の試み――』(非売品).

笠原 六郎

1971 「尾鷲林業発展の担い手」『林業経済』24（8），pp.8-14.

1973 「尾鷲地方における木材流通機構と素材市売市場の機能」『林業経済』26（3），pp.1-8.

梶山 恵司

2005 『ドイツとの比較分析による日本林業・木材産業再生論』（富士通総研研究レポート No.216），富士通総研経済研究所.

2011 『日本林業はよみがえる――森林再生のビジネスモデルをえがく――』日本経済新聞社.

北尾 邦伸

1968 「木頭林業における木材市場の展開――戦後那賀川下流製材業を中心にして――」『京都大学農学部演習林報告』40，pp.192-212.

北川 泉

1968 「前期的資本と林業構造」『島根大学農学部研究報告』 2，pp.224-35.

北田 和夫

1976 『木材業界』（産業界シリーズ49），教育社.

建築思潮研究所編

2002 『民家型構法の家づくり――現代計画研究所の試み――』建築資料研究社.

斎藤 修

1998 「人口と開発と生態環境――徳川日本の経験から――」『地球の環境と開発』（岩波講座開発と文化　第5巻），岩波書店，pp.133-53.

2003 「市場の類型学と比較経済発展論」，篠塚信義・石坂昭雄・高橋秀行編『地域工業化の比較史的研究』北海道大学図書刊行会，pp.35-62.

2014 『環境の経済史――森林・国家・市場――』（岩波現代全書033），岩波書店.

堺 正紘編

2003 『森林資源管理の社会化』九州大学出版会.

坂野上 なお

1996 「産直住宅ネットワークにおける木材供給システム」『京都大学農学部演習林報告』68，pp.77-88.

島川直哉・北尾邦伸

1970 「桜井木材市場の発展過程に関する研究」『京都大学農学部演習林報告』41，pp.116-36.

嶋瀬 拓也

2002 「地域材による家造り運動の現状と今日的意義 ――産直住宅運動との対比において――」『林業経済』54（14），pp.1-16.

榛村 純一

2007 「林業六〇年の回想――一林家として，森林組合長として――」，大日本山林会編『昭和林業逸史』pp.776-87.

大日本山林会『日本林業発達史』編纂委員会編

1983 『日本林業発達史』大日本山林会.

大日本山林会『戦後林政史』編纂委員会編

2000 『戦後林政史』大日本山林会.
丹呉明恭・和田善行
1998 『建築家山へ林業家街へ』(林業改良普及双書129), 全国林業改良普及協会.
東京財団政策研究部
2009 『グローバル化する国土資源(土・緑・水)と土地制度の盲点――日本の水源林の危機Ⅱ――』東京財団.
土肥 恭三
2005 「立木価格は木の二酸化炭素固定量で算出――消費者に安心・満足を売る立木販売システム『Sound Wood(s)』――」『現代林業』464, pp.26-31.
徳島県編
1972 『徳島県林業史』徳島県林業史編纂委員会(非売品).
鳥越 皓之
1997 「コモンズの利用権を享受する者」『環境社会学研究』3, pp.5-14.
西尾 隆
1988 『日本森林行政史の研究――環境保全の源流――』東京大学出版会.
根津 基和
2012 「林家経済調査・林業経営統計調査の変遷――統計を活用する意義――」『林業経済』65(9), pp.16-29.
農林省林野庁調査課編
1963 『林業の現状分析』地球出版.
長谷川敬・和田善行・村田徳治
1996 『「消費する家」から「働く家」へ』建築資料研究社.
半田 良一
1990 『林政学』(現代の林学 1), 文永堂出版.
林 知行
2003 『ここまで変わった木材・木造建築』(丸善ライブラリー362), 丸善.
林雅秀・天野智将
2010 「素材生産業者のネットワークが森林管理に与える影響」『社会学評論』61(1), pp.2-18.
速水 亨
2012 『日本林業を立て直す――速水林業の挑戦――』日本経済新聞出版社.
速水亨・藻谷浩介
2014 「〈対談〉林業に学ぶ『超長期思考』」『新潮45』33(9), pp.116-29.
平野秀樹・安田喜憲
2012 『奪われる日本の森――外資が日本の水資源を狙っている――』(新潮文庫), 新潮社.
堀 靖人
2010 「ドイツ」, 白石則彦監修・日本林業経営者協会編『世界の林業――諸外国の私有林経営――』日本林業調査会, pp.57-98.
堀川 保幸
2015 「私の歩いてきた道」, 椎野潤・堀川保幸『日本国産材産業の創生――森林から製材, 家づくりへのサプライチェーン――』メディアポート, pp.81-93.

松井 郁夫

2004 『「木組の家」に住みたい！――無垢の木で丈夫な家づくり――』彰国社.

2008 『「木組」でつくる日本の家』（百の知恵双書016），農文協.

松島 昇

1979 「市場動向に誘発された森林施業の変化――いわゆる東濃桧産地の場合――」『東大農学部演習林報告』69，pp.157-68.

1993 「国産原木流通における集荷機構組織化の研究」『東大農学部演習林報告』89，pp.1-79.

松本 謙蔵

1966 「産地市場における木材流通問題」『林業経済』19（2），pp.1-8.

緑の列島ネットワーク編

2000 『近くの山の木で家をつくる運動宣言』農文協.

2004 『地域材の家づくりネットワーク』（林業改良普及双書147），全国林業改良普及協会.

宮内 泰介

2001a「コモンズの社会学――自然環境の所有・利用・管理をめぐって――」，鳥越皓之編『講座環境社会学第3巻　自然環境と環境文化』有斐閣，pp.25-46.

2001b「環境自治のしくみづくり――正統性を組みなおす――」『環境社会学研究』7，pp.56-71.

宮本 常一

2006 『林道と山村社会』（田村善次郎編，宮本常一著作集48），未來社.

村嶌 由直

1966 「木材流通について―― 市売市場の展開を中心に――」『林業経済』19（2），pp.9-21.

1978 「木材関連産業の成長と市場構造」林業構造研究会編『日本経済と林業・山村問題』東京大学出版会，pp.29-99.

1986 『戦後木材産業の展開過程に関する研究』京都大学博士論文.

1987 『木材産業の経済学』日本林業調査会.

2001 『森と木の経済学』日本林業調査会.

餅田 治之ほか

2011 「林業経済研究所座談会・新生産システム政策の展開と帰結（後編）」『林業経済』64（8），pp.1-17.

山下 範久

2012 「市場」『現代社会学事典』弘文堂，pp.523-26.

山田 壽夫

2007 「林野庁から始める林業再生」『時計台対話集会』3，pp.37-56.

2008 「木材産業と住宅」，遠藤日雄編『現代森林政策学』日本林業調査会，pp.199-213.

山本 信次編

2003 『森林ボランティア論』日本林業調査会.

吉田 茂二郎

2011 「再造林放棄地に関する研究を特集とした背景」『日林誌』93，pp.277-79.

吉田 雅文

2007 「木材輸入規制から自由化への動き」，大日本山林会編『昭和林業逸史』，pp.553-61.

林業金融調査会（田村善次郎）編

1960 『林業金融基礎調査報告（68）――薪炭編第８号――：神奈川県津久井郡津久井町青根』林業金融調査会.

〈欧文献〉

Aspers, P.

2011 *Markets*, Cambridge: Polity Press.

2013 "Quality and Temporarity in Timber Markets," in J. Beckert and C. Musselin eds., *Constructing Quality: The Classification of Goods in Markets*, Oxford:Oxford University Press, pp.58-76.

Barber, B.

1995 "All Economies are Embedded The Career of a Concept, And Beyond," *Social Research*, 62（２）, pp.387-413.

Blau, P. M.

1964 *Exchange and Power in Social Life*, New York: John Wiley & Son（間場寿一・居安正・塩原勉訳『交換と権力――社会過程の弁証法社会学――』新曜社, 1974年）.

Dobbin, F.

1994 *Forging Industrial Policy*, Cambridge [England]; New York: Cambridge University Press.

2005 "Comparative and Historical Perspectives in Economic Sociology,"in N. Smelser and R. Swedberg eds., *The Handbook of Economic Sociology*, 2nd ed., New York: Russel Sage Foundation, pp.26-48.

Fligstein, N.

1996 "Markets as Politics: A Political-Cultural Approach to Market institutions," *American Sociological Review*, 61（４）, pp.656-73.

2001a *The Architecture of Markets; An Economic Sociology of Twenty-First-Century Capitalist Societies*, Princeton, N.J.: Princeton University Press.

2001b "Social Skill and the Theory of Fields," *Sociological Theory*, 19（２）, pp.105-25.

Fligstein, N. and L. Dauter

2007 "The Sociology of Markets," *Annual Review of Sociology*, 33, pp.105-28.

Fligstein, N. and D. McAdam

2011 "Toward a General Theory of Strategic Action Fields," *sociological Theory*, 29（１）, pp.1-26.

2012 *A Theory of Fields*, Oxford: Oxford University Press.

Fourcade, M. and K. Healy

2007 "Moral Views of Market Society," *Annual Review of Sociology*, 33, pp.285-311.

Gouldner, A.

1960 "The Norms of Reciprocity: A Preliminary Statement," *American Sociological Review*, 25（２）, pp. 161-78.

Granovetter, M.

1985 "Economic Action and Social Structure: The Problem of Embeddedness," *American Journal of Sociology*, 91（３）, pp.481-510.

2002 "A Theoretical Agenda for Economic Sociology," in M. F. Guilen, R. Collins, P. England,

and M. Meyer eds., *The New Economic Sociology: Developments in An Emerging Field*, New York: Russel Sage Founation, pp. 35-60.

Hasel, K.

1971 *Waldwirtshaft und Umwelt*, Berlin: Paul Parey（中村三省訳『林業と環境』日本林業技術協会，1979年）.

Hicks, J. R.

1969 *A Theory of Economic History*, London; New York: Oxford University Press（新保博・渡辺文夫訳『経済史の理論』（講談社学術文庫1207），講談社，1995年）.

Krippner, G.

2001 "The Elusive Market: Embeddedness and The Paradigm of Economic Sociology," *Theory and Society*, 30, pp.775-810.

Ostrom, E.

1998 "A Behavioral Approach to Rational Choice Theory of Collective Action: Presidential Address, American Political Science Association, 1997," *American Political Science Review*, 92（1）,pp. 1-22.

2005 "Policies That Crowd out Reciprocity and Collective Action,"in H. Gintis ed., *Moral Sentiments and Material Interests: The Foundations of Cooperation in Economic Life* Cambridge, Mass.: The MIT Press, pp.251-76.

Polanyi, K.

1944［1957＝2001］*The Great Transformation：The Political and Economic Origins of Our Time*, Boston,Mass.:Beacon Press（野口建彦・栖原学訳『大転換――市場社会の形成と崩壊――』東洋経済新報社，2009年）.

1947 "Our Obsolete Market Mentality." in G. Dalton ed., *Primitive, Archaic and Modern Economies: Essays of Karl Polanyi*, Boston: Beacon Press（平野健一郎訳「時代遅れの市場志向」，玉野井芳郎・平野健一郎編訳『経済の文明史』（ちくま学芸文庫），筑摩書房，2003年，pp.49-79）.

Saxenian, A.

1994 *Regional Advantage: Culture and Competition in Silicon Valley and Route 128*, Cambridge, Mass.: Harvard University Press（山形浩生・柏木亮二訳『現代の二都物語――なぜシリコンバレーは復活し，ボストン・ルート128は沈んだか――』日経BP社，2009年）.

Sparsam,J.

2016 "Understanding the 'Economic' in New Economic Sociology," *Economic Sociology-the Electronic Newsletter*,18（1）, pp.6-17.

Swedberg, R.

2003 *Principles of Economic Sociology*, Princeton, N. J.: Princeton University Press.

White, H.

1981 "Where Do Markets Come From?" *American Journal of Sociology*, 87（3）, pp.517-47.

Zelizer, V. A.

1988 "Beyond the Polemics on the Market: Establishing a Theoretical and Empirical Agenda," *Sociological Forum*, 3, pp.614-34.

索　　引

〈タ　行〉

〈ナ　行〉

〈ハ　行〉

〈マ　行〉

〈ヤ　行〉

〈ラ　行〉

《著者紹介》

大倉季久（おおくら　すえひさ）

1976年　新潟県生まれ

2009年　法政大学大学院政策科学研究科博士後期課程修了（博士・政策科学）

現　在　桃山学院大学社会学部准教授

専攻は経済社会学，環境社会学

主要業績

「林業問題の経済社会学的解明──徳島県下の林業経営者の取り組みを手がかりに──」（『社会学評論』57（3），2006年，第6回日本社会学会奨励賞［論文の部］受賞）

「近くの山の木で家をつくる運動の形成──『ローカル・マーケットの危機』が問いかけるもの──」（池田寛二・堀川三郎・長谷部俊治編『環境をめぐる公共圏のダイナミズム』（現代社会研究叢書8）法政大学出版局，2012年）

「『個人化社会』と農業と環境の持続可能性のゆくえ──クオリティ・ターン以後──」（『環境社会学研究』22，2017年）

森のサステイナブル・エコノミー
──現代日本の森林問題と経済社会学──

2017年11月20日　初版第1刷発行

＊定価はカバーに表示してあります

著者の了解により検印省略

著　者　大倉季久©
発行者　川東義武
印刷者　西井幾雄

発行所　株式会社　晃洋書房
〒615-0026　京都市右京区西院北矢掛町7番地
電話　075（312）0788番㈹
振替口座　01040-6-32280

ISBN 978-4-7710-2938-5　印刷・製本　㈱NPCコーポレーション